NO.49

Hand Made 巧手易

卧室

最私密的拼布空间

河南科学技术出版社
·郑州·

Hand Made 巧手易
2012年5月

NO.49 CONTENTS

卧室　最私密的拼布空间

台湾第一本专业拼布书系 www.handmade-tw.com

封面作品作者 / 郭珍燕老师
封面摄影 / 詹建华
封面设计 / 陈启予
文字 / 黄璟安

《巧手易》简体版

征稿启事

一、稿件要求

1. 以“布”类作品为主，但主题、风格不限。
2. 须是原创作品且尚未在任何纸质媒体（包括杂志、报纸、图书）及展览会上发表过；若作品参考其他书籍，请注明原书名并说明自己所加入的新的创意，请勿与原作品雷同。
3. 每件作品需准备3幅高清晰的成品图及5～10幅清晰的过程图，并用文字详解创作意图和制作步骤。
4. 请勿一稿多投，来稿3个月如未接到录用通知可自行处理。未采用的稿件不予退还，敬请见谅。

二、投稿邮箱

hnstpdwhz@163.com

欢迎手工爱好者们踊跃参与！
秀出作品、秀出创意，就有可能在《巧手易》
里变成当红手作家哦！

董事长暨发行人 吕世文
财务总监 谢丽闵
执行副总／财务经理 Anita Yang
社务顾问
吕永元・林浩正・余万停
编辑部
编辑长 徐舒柔
编辑 黄璟安 简子杰
特约编辑 詹宏人

原尺寸图

为给国内广大手工爱好者、从业者提供学习、沟通的平台和桥梁，为促进和繁荣国内手工产业，我们诚征合作伙伴。欢迎拼布、布艺相关的工作室、厂家、工具材料供应商等与我们联系。

因台湾原版改变开本，简体版自NO.49也相应改变。

Hand Made NO.49 Quilter List

特别感谢本期协助制作

布里红共学社

P.6

林诗龄老师、王梅珍老师、
吴志玲老师、吴美玲老师
http://artalk.pixnet.net.blog

2012 龙年吉祥物单元作者群。尝试简化的设计，在制图时力求最简单的线条，只有龙的造型采用龙呆的概念，设计成比较可爱的样子，希望大家喜欢。

Yubisui Yasuko

P.8

指吸快子老师
http://yubiquilt.exblog.jp/

出生于日本神奈川县川崎市，杉野短大被服科毕业。在 Hearts & Hands 拼布学校学习拼布，现在师从拼布作家小关铃子。作品发表于日本手艺杂志、活跃于拼布活动等，国际横滨拼布嘉年华展及东京巨蛋展获奖无数。第一本个人拼布创作书《指吸快子的拼布甜蜜世界》超人气热卖中。

郭桄甄老师

P.8

桄・吸引你的目光
http://www.wretch.cc/blog/kky021

将《生活》当成灵感的发电机，随时随地都可以发挥创意，制造意想不到的超迷你惊喜。现为贝采艺生活艺术馆负责人。与日本指吸快子老师共同打造《甜点系拼布小物》单元。第一本个人袖珍创作书《手心里的袖珍甜点》上市热卖中。

娃娃屋拼布手作坊

P.11

郭珍燕老师
TEL:03-4588994
http://www.wawawu.com.tw

◆本期封面作品作者◆

娃娃屋拼布手作坊负责人，日本手艺普及协会指导员、日本小仓手艺缎带刺绣指导员、日本余暇文化振兴会英国刺绣讲师。

布可丝艺拼布工坊

P.15

冯琦钰老师
TEL:03-4915142
http://www.wreth.cc/blog/bkse

喜欢研究袋形，做出各式隔层不同的变化，秉持着拼布也可以做得很时尚的坚持，与针线天天为伍。

内湖幸运草拼布教室

P.19

张娟珠老师
TEL:02-26320661

喜欢以居家生活为作品主题，让生活充满了拼布的美与乐趣。

魔女工房

P.23

林千翠老师
TEL: 07-2366865
http://tw.myblog.yahoo.com/
witchgirl_lin0636

多年的拼布制作已是一种过生活的方式，拼布对我而言是将纸、笔、颜料换成针、线、布的一种艺术，让创作而不再只是单纯的拼布。

小布点拼布艺术

P.29

郭铃音老师
TEL:02-23648719
http://tw.myblog.yahoo.com/petite-bonbon
Facebook: Little Quilt point(小布点生活手作)

为实现拼布梦，于日本文部省通信讲师班毕业后成立了工作室，希望借拼布教学认识更多同好。第一次在《巧手易》杂志发表个人喜爱的羊毛毡技巧搭配拼布作品，希望读者会喜欢。

小野布房

P.29

魏廷伃老师 & 简雪丽老师
TEL: 02- 27722007
http://tw.myblog.yahoo.com/onoya_3514/

有个像家一样的工作室，透过创作分享对生活的真实感受，对幸福和美好的追求。这里有音乐、咖啡……招待我们的朋友。亲手种植的花草充满了蓬勃旺盛的生命力。 用心，用创作，用双手记录着真实生活中的点点滴滴。

木棉花拼布艺术

P.29

李琼惠老师
TEL: 03-5342097

1996 年成立木棉花拼布艺术工作室，日本通信社第三届讲师，从事拼布、儿童美术教育 16 年。

一布一脚印的拼拼凑凑

P.29

黛西老师
http://tw.myblog.yahoo.com/quilter-daisy/

自 2007 年接触手作布偶后，完全爱上布艺，也让自己成为动不停的拼布人，不断尝试与学习，从中获得精神上的满足与踏实，愿用一布一脚印的拼凑努力完成梦想！

潘妮拼布

P.39

潘妤莹老师
TEL:04-23335690

做拼布至今近六年，心想我总是跟随着教室里妈妈们想要的去做，流行什么就如法炮制，没有属于自己想要的领域去发展。现在利用过去所学的 POP 来转移拼布上的改变，利用自己爱幻想的心思，创作爱幻想的“多妮”。

快乐手作
李婷姿老师 P.84
TEL:02-26081095
http://tw.myblog.yahoo.com/jyenilee

经营快乐手作教室 17 年，持有手缝、机缝、缎带、彩绘等证书于一身，秉持创意乐活的设计理念制作各式作品，希望让快乐手作的概念远播传承。

Ooto Kazue 大音和江老师 P.85

1990 年日本手艺普及协会讲师、1992 年日本手艺普及协会指导员作品于第三回日本拼布展入选、IQA 入选。作品《来自羊毛的礼物》为第 10 回拼布日本展入奖作品。

蒲公英艺术坊
林彦君老师 P.86
TEL:02-89524130

1996 年日本通信社讲师，拼布资历 16 年以上。于《巧手易》杂志连载“编织好好玩”“达人的拼布讲座 Live”等单元。
作品《飨宴》曾受邀参加韩国国际拼布展、上海拼布展。

熊手作
陈节老师 P.92
amy95251620@yahoo.com.tw

1990 年成立熊手作拼布教室。日本 Patchwork 通信社第一届毕业，1993 年曾获日本清里拼布周 93' 拼布部门奖、1994 年作品《兔子的梦》于第二回日本 Patchwork 交流获一等奖、1998 年作品《青春舞曲》于台湾省工研究所第六届征稿入选、2000 年获邀于诚品书店成立“私房拼缀”师生创作联展、2010 年迄今为隆德贸易有限公司美术顾问。

Ann P.39
patchworkerann@gmail.com

自由作家。
《巧手易》杂志内专栏作家，喜欢制作、设计专给幼儿使用的可爱拼布小物，连载持续中。

日本户塚刺绣台北支部 P.68
http://totsuka1.blogspot.com/
福本晓代老师 fukumeto@gmail.com

在不织布上简单刺绣所完成的胸针。请一边试试看一边在刺绣位置增减刺绣图案。即使不是做胸针，也可将刺绣图案缝于钱包等物上，请尝试各式各样的运用方法。手作真好！

陈莉雯老师 P.73
gretachern@gmail.com

自由作家。
“I love HOBBYRA HOBBYRE”连载作家，喜欢布的舒服质感，创作出自己最爱的手作风布作。

幸运草机缝拼布
陈玉金老师 P.82
TEL:0937-811690

幸运草机缝拼布教室负责人，擅长使用各式素材、工具搭配拼布作品，于《巧手易》杂志内开设人气专栏好评连载中。

Su 玲满手创
苏玲满老师 P.39
http://tw.myblog.yahoo.com/nienandsu-beartwo/

人气图案“厨娃”“阿粘熊”原创设计者。手作，让人有颗暖暖的心，幸福的拼图一针一线慢慢缝制，就是爱手作！著有畅销书《好可爱拼布 厨娃、阿粘熊、粘粘兔》，超人气持续热卖中。

Kat's quilt garden
阿 Kat 老师 P.39
TEL:03-4923937
http://www.wretch.cc/blog/quilterkat

喜欢玩布块拼接与配色游戏，特别钟爱 20 世纪 30 年代复刻版布与小关铃子风格，深信拼布会带来令人愉悦的心情，让生活更温暖美好，让自己永远年轻喔！

布伊坊
映衣老师 P. 39
TEL:0988-630256
http://tw.myblog.yahoo.com/sewinghouse-youi

日本文化女子大学服装社会学研究所毕业，研究拼布与社会关系，日本手艺普及协会指导员资格，现在师从拼布作家小关铃子。用拼布也可以拼出自己的人生色彩。

八色屋拼布彩绘
陈慧如老师 P.39
TEL:02-22916767
http://www.e-colors.idv.tw

1997 年成立八色屋拼布木器彩绘教室，将喜爱手作及 DIY 的兴趣化为梦想。喜爱拼布手作，为了一圆爱涂鸦的梦，1998 年又一头栽进了彩绘世界，第一本个人拼布创作书《布可能！拼布、彩绘、刺绣在一起！》全力制作中，敬请期待！

龙呆家事一把罩！

春天来了，龙呆们的家也要打扫得干干净净的，
迎接客人来到才不会失礼，穿起围裙准备干活去啦！

作品设计、制作、做法提供／林诗龄老师、王梅珍老师、吴志玲老师、吴美玲老师
小模特／周以恩　摄影／C.CH　文字／黄璟安　美术设计／陈启予

红刺绣
小龙呆毛巾挂环

圆滚滚的龙呆，
是不是过年吃得太多了！
连缎带绣小花都在笑它，
龙呆呆、呆呆龙、胖嘟嘟！

完成尺寸：约15cm×7cm
制作方法请参考P65~67　内附原尺寸图

作品欣赏

龙呆宝贝背心围裙

为小朋友设计的背心围裙，上头有龙呆们在玩跷跷板，活泼可爱的拟人图案，能满足孩子的纯真童心。

作品尺寸：约45cm×68cm

背面设计

作品设计、制作、提供／指吸快子老师、郭栤甄老师　摄影／C.CH　文字／简子杰　美术设计／陈启予

甜甜圈

日本梦幻拼布教主 指吸快子
×
台湾袖珍甜点达人 郭栤甄

甜心女孩 Yubi

亮红小提袋

Back look！

后片缝上缤纷的小扣子，
是不是简单又可爱？

甜蜜蜜饼干的小时候，

坐在操场吃草莓冰淇淋，

梦想粉红巴黎的青春期可颂……

完成尺寸：约27.5cm×28cm

内附英文字母图案
制作方法请参考P.102

后来，我们都长大了，
一块小蛋糕的回忆依然清晰，
还有街角糖果杂货店的老奶奶，
持续用甜甜圈守护着梦幻城堡。

点缀几个迷你甜甜圈，
甜心 look 满分!!

甜心女孩 Hikaru
漾蓝小提袋

完成尺寸：约27.5cm×28cm

拼布生活提案

Bedroom 卧室

经过整日的奔波忙碌，回到家躺在软绵绵的床上放空，似乎成了现代人每日的小愿望。换言之，卧室可以养精蓄锐，可以释放一天的疲劳，也是可以和家人亲密分享生活琐事的地方，更可以陪孩子说说床边故事，哄着孩子走进梦乡，暂忘日间的那些喧嚣纷扰。次日再起，又是充满朝气的一天，仿佛世界又重来一遍，连呼吸都变成美好的事，更勇敢地面对生活的挑战。因此，将卧室布置成舒服放松又赏心悦目的气氛，也就相当重要了。

本期邀请四位名师，精心打造四种极富个人风格的特色卧室，每一种风格兼具巧思与细腻的心意，从设计细节和完成品质即可感知。如果你已厌倦千篇一律的市售寝具家饰，不妨跟着名师的设计，替卧室换上崭新的表情吧！

郭珍燕老师的
阳光花园卧室

作品设计、制作、提供／郭珍燕老师
摄影／詹建华　编辑／简子杰　美术设计／陈启予
摄影场景提供／小士林租屋 0983-001657

故事设计　文／J.J.

阳光透进大片的落地窗，你揉揉惺忪的双眼，不停地往我怀里钻，闹一闹起床气，甚至嘟起嘴，嚷嚷着没睡饱，我浅浅地回以一抹微笑，摸摸你的头，把你抱进怀里，紧紧地抱着，拍着微微隆起的背，轻声说：“乖，该起床啰！”

下楼，我替你穿上印着小鹿图案的背心，牵着你的手，走到花园里，看看去年夏天我们一起撒下的种子，如今已经长成一丛丛各种颜色的花儿，你忍不住叫着笑着，喊道：“哇！种子长大了。”看着你跳来跳去的身影，胸口不禁窜出一股暖意，心想，原来如此，宝贝，你就像种子一样也悄悄地长成小花了。

阳光花园　背心

内附原尺寸图

制作方法请参考P.56～57

在亮绿色的水玉上贴缝六角形小花，面纸套也变成一座小花园。

作品欣赏

面纸套

Back look!

Bedroom

完成尺寸：	抱枕	约 42cm × 48cm
	背心	约 46cm × 57cm
作品尺寸：	拼布被	约 154cm × 214cm
	面纸套	约 11cm × 33cm

设计概念

以六角形为作品定下一个设计的基调，延伸出一个完整的系列，举凡抱枕的六角形轮廓、面纸套与拼布被上的六角花贴布、背心的口袋形状，皆呼应着主题。此外，由粉彩系的复刻布组合拼接以及花朵刺绣所完成的作品，将卧室打造成春日里的阳光花园风貌。

作品欣赏

拼布被

粉嫩复刻布的六角拼接，搭配各种花朵的刺绣图案完成的拼布被，铺在床上仿佛飘来阵阵花香。

抱枕

HOW TO MAKE

做法绘图／韩欣恬

★内附原尺寸图

材料

中心米色布 15cm × 17cm
第二层布每色 10cm × 35cm
第三层布每色 10cm × 55cm
后背布 45cm
塑钢拉链 40cm1 条
蕾丝 45cm
铺棉
坯布

做法

1. 布片 2 与布片 3 相接，6 片接合后再与中心米色布接合。中心绣图需使用小绣花框。

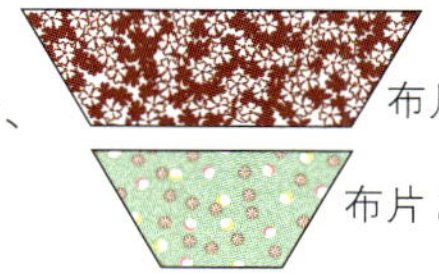

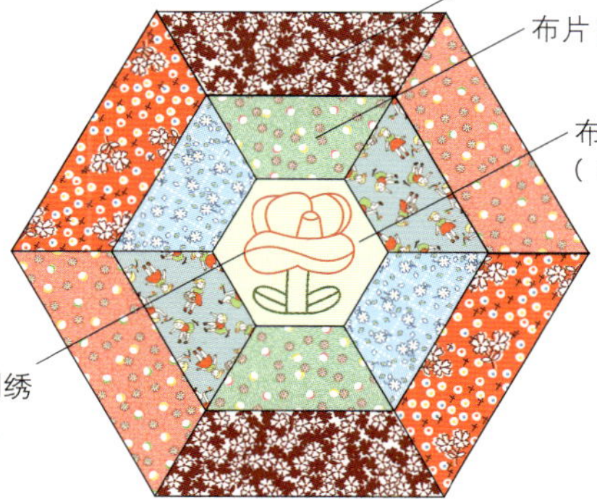

2. 表布接合完成后加上铺棉及坯布再压线。

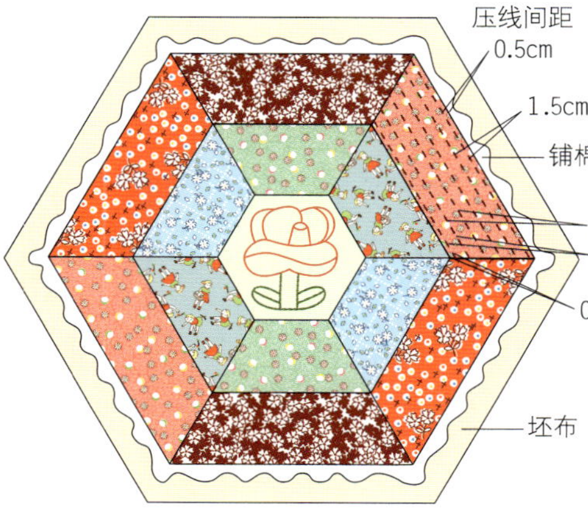

3. 后片裁 A：45cm × 25cm1 片、B：45cm × 29cm1 片，与拉链接合后车上蕾丝，再裁与前片大小相符。

4. 前片与后片反面对反面接合，外面车缝滚边即完成。

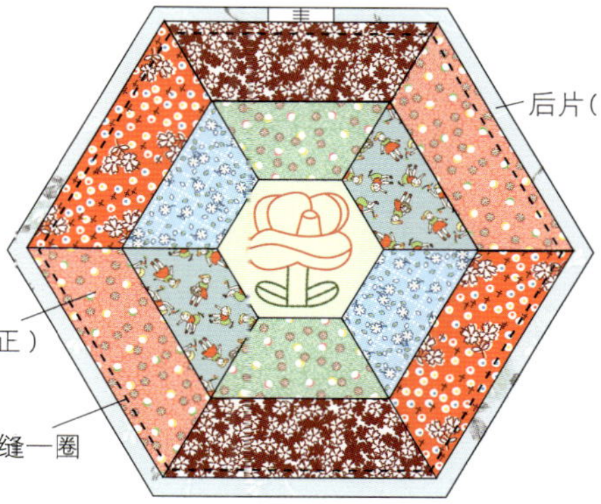

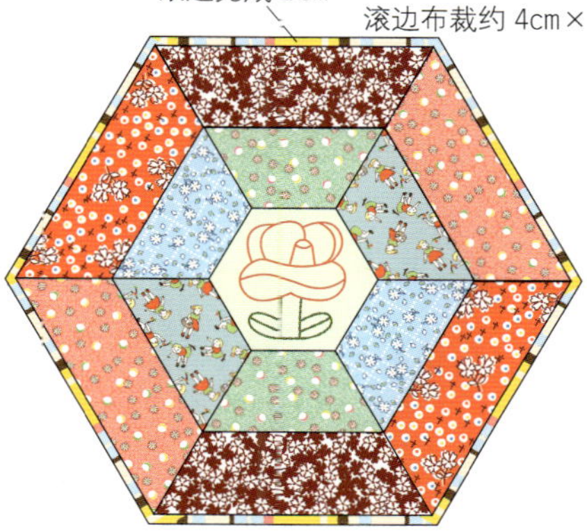

完成图

阳光花园

抱枕

你的笑容，
似春天绽放的花朵，
抚慰我疲惫的心灵。

冯琦钰老师的
少女时光卧室

作品设计、制作、提供／冯琦钰老师
摄影／詹建华　编辑／简子杰　美术设计／陈启予
摄影场景提供／小士林租屋 0983-001657

内附原尺寸图形

制作方法请参考P.58～59

故事设计

文／J.J.

自从你搬到纽约之后，房间里的红色小熊就开始觉得孤单，因为没有人会再跟她说话了。每年难得的聚会，我们总会没完没了地聊个不停，从回忆小时候到生活日常的小事、小物，还有我们身边的那个“他”，一刻也不肯停下来，仿佛要把所有分离的时光，借着久违的重逢，一次填满。

还记得吗？那个我们穿着黑色百褶裙的夏日，一起躲在房间的小角落，交换着彼此的小秘密，甚至不自觉地同时将目光投向红色小熊，深怕她泄露了秘密似的，不禁相视而笑——我们懵懵懂懂的青春时光。

咦，下一次的聚会不知道是什么时候，不过，一段酸酸甜甜的期待已经开始了。

Bedroom

完成尺寸：靠垫　约 57cm×57cm×30cm
　　　　　面纸套　约 23cm×13cm×9cm
作品尺寸：置物篮　约 16cm×19cm×18cm

把瓶瓶罐罐
收进这个可爱的小布篮里，
是不是美观又方便呢？

设计概念

运用棉麻材质的碎花布与格纹布设计的经典组合，点缀上同色系包扣或是蕾丝缎带，营造出一组飘散着柔美少女气息的杂货风系列作品。

作品欣赏

置物篮

靠垫

HOW TO MAKE

做法绘图 / 林巧佳

材料

碎花棉麻布
格纹棉麻布
枕芯用布
填充棉
拉链

做 法

1. 依步骤 3 的尺寸图裁布。后片(上)、后片(下)接合拉链。

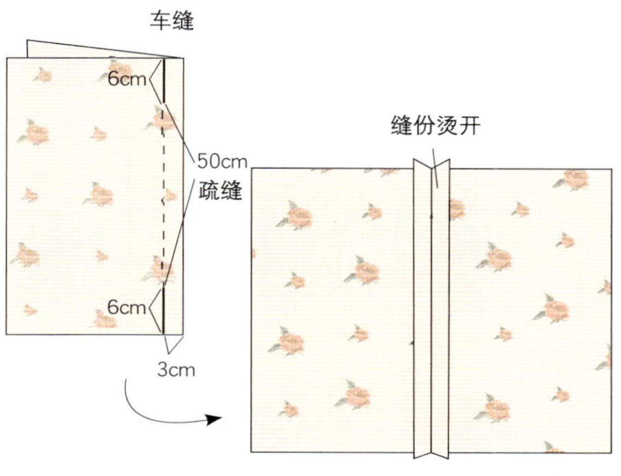

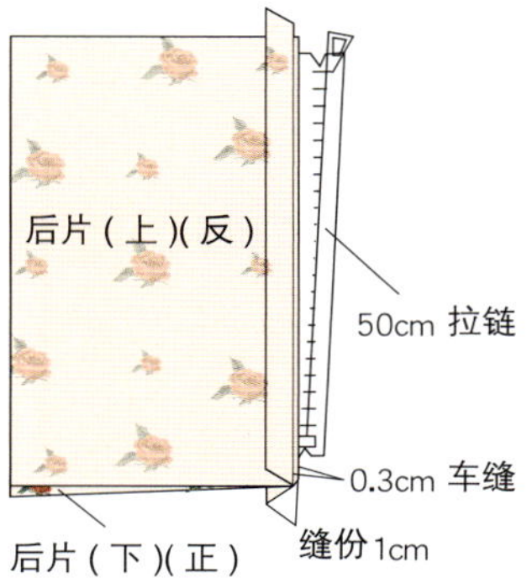

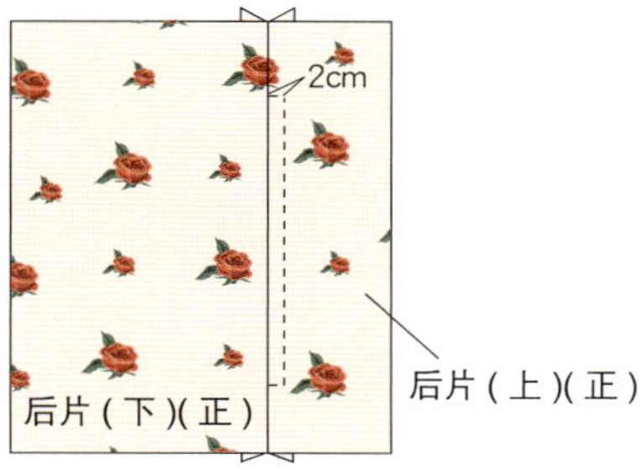

车缝完成即可拆除疏缝线

2. 前左片、前中片、前右片接合(点至点车缝),再车缝装饰线。

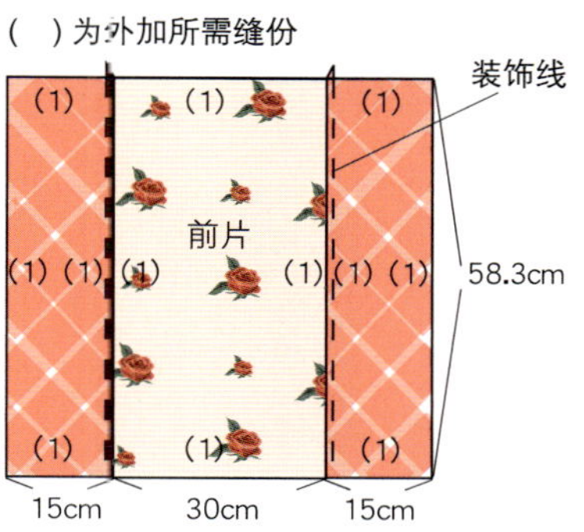

3. 后片接合左、右侧片(点至点接合),完成后再与前片接合。

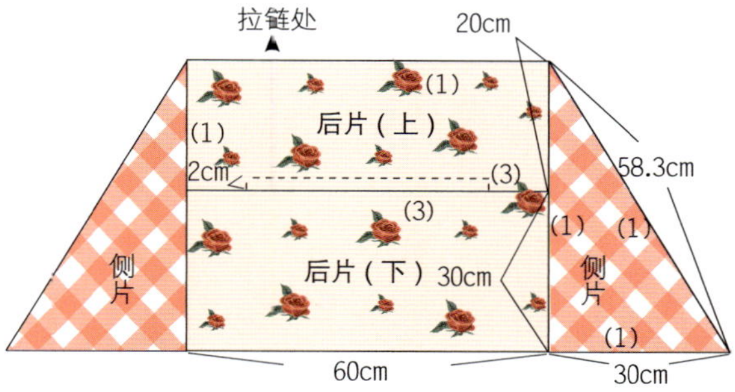

+

4. 接合底部,再由拉链处翻至正面即可。
※ 枕芯做法同外身(后片不接拉链,故不需裁开),底留返口(装填充棉)。

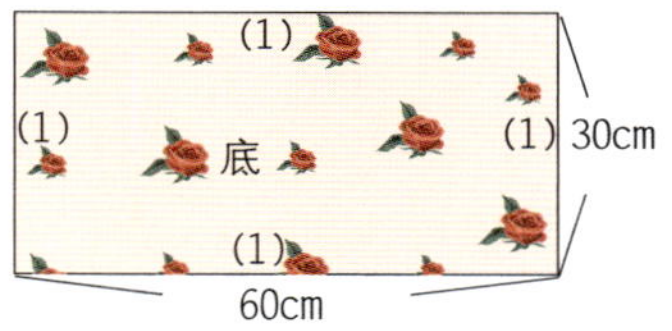

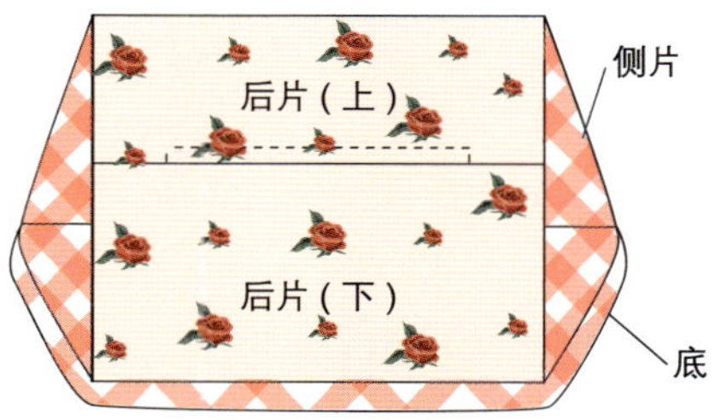

完成图

少女时光

靠垫

累了就休息一下，
想念二十万里外的你，
是不是也有同样的思念？

张娟珠老师的 阅读小屋卧室

作品设计、制作、提供／张娟珠老师
摄影／詹建华　编辑／简子杰　美术设计／陈启予
摄影场景提供／小士林租屋 0983-001657

制作方法请参考P.55
■内附图形原尺寸图

故事设计　文 / J.J.

刚刚上小学的那一年，妈妈买了一本《爱丽丝梦游仙境》送给我，一翻开就没再合起，阅读的奇幻旅程就此展开。每天捧着书本追逐文字，沉醉在文字堆砌的魔幻奇境，或是那些人类无法企及的想象空间，无法自拔地爱上文字带来的乐趣，朝夕与文字为伍，恨不得把书本也带进梦乡。

读着读着，读过青春期，读过生命的高低起伏，读过生命的悲欢离合，把一字一句都嵌进人生里，借文字辉映真实生活的样貌。后来，自己也开始选书买书，把那些无形亦有形的字里行间占为己有，窃喜着躲在自己构筑的文字堡垒里。

如果一天的结束没有文字相伴，那夜一定睡得不好，辗转反侧，所以床边总是堆了好几本小书，让我安心地走入梦境。

完成尺寸：抱枕　约 42cm × 42cm
　　　　　枕头套　约 72cm × 48cm
作品尺寸：随身小包　约 14cm × 7cm
　　　　　地垫　约 73.5cm × 50.5cm

设计概念

以粉橘色的云彩底布作为系列作品的统一色调，各种花布的搭配贴缝出小房子图案以及各种拼布图形，让整个系列呈现出一种可爱的童话般的风格。

作品欣赏　地垫

抱枕
HOW TO MAKE

做法绘图 / 林巧佳
★内附房子图形原尺寸图

材料

云彩布 55cm × 90cm(含后背布)
红色花布 18cm × 18cm
豆沙色素布 18cm × 18cm
配色布 25cm × 45cm4 色
拉链 40cm

做法

1. 裁 4 片 9cm×9cm 的云彩布，将房子图形贴缝在云彩布上。

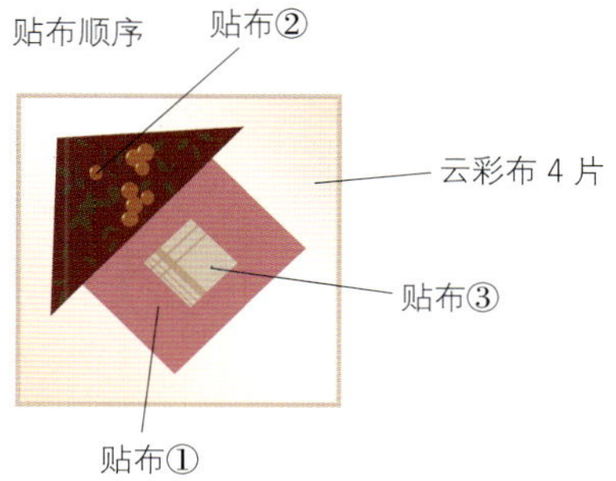

2. 缝合 4 片云彩布，再依序缝合各配色布条及小正方格成表布。接着将表布＋铺棉＋里布做压线。

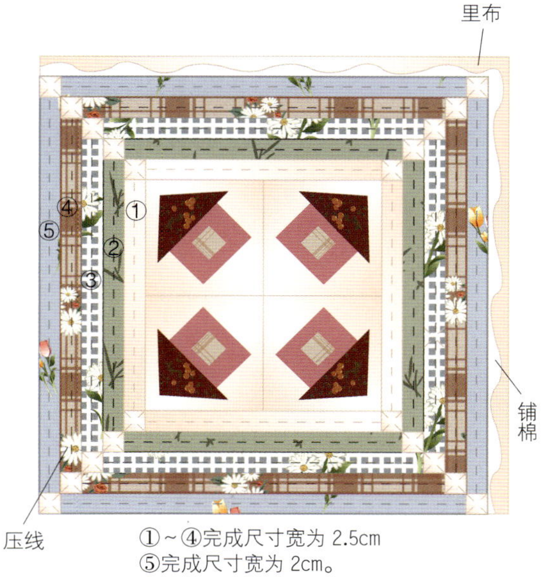

①～④完成尺寸宽为 2.5cm
⑤完成尺寸宽为 2cm。

3. 裁 17.5cm×42cm(A 布) 及 28.5cm×42cm(B 布) 的云彩布夹车拉链成后背布。
夹车拉链的方法：① A、B 正面相对车缝两端，留拉链长度的口。
②缝份摊平夹车拉链。

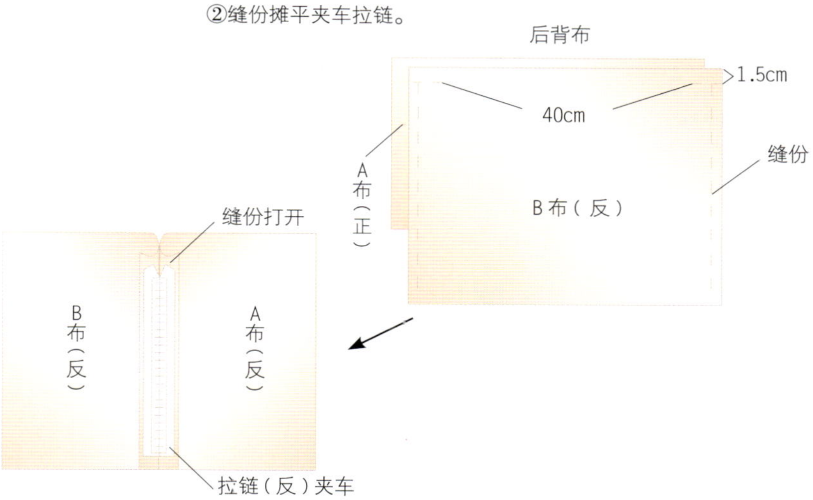

4. 表布与后背布 (此时拉链要拉开一小段) 正面相对，四周车缝一圈。

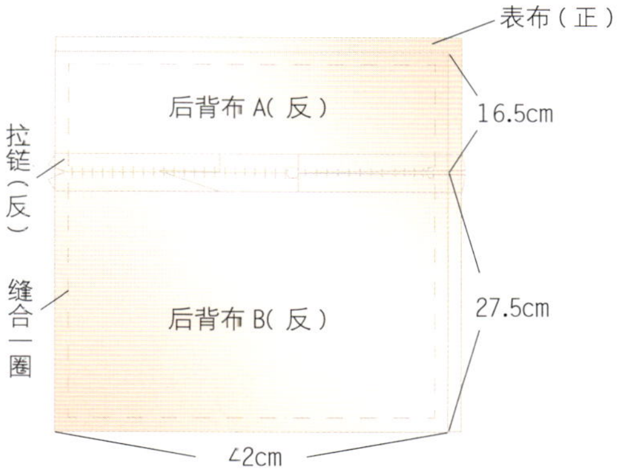

5. 从拉开的拉链口翻到正面，即完成。

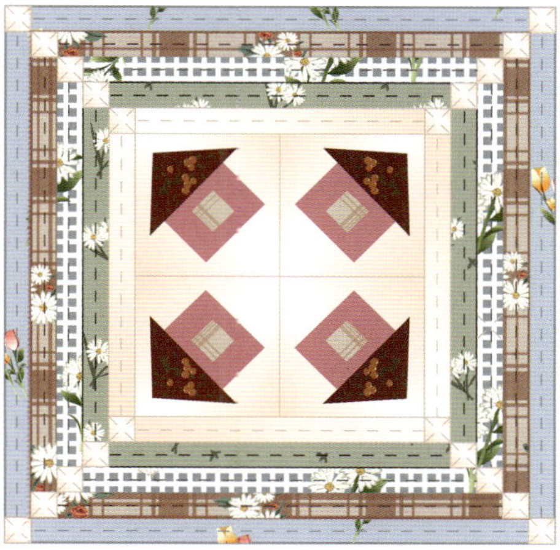

完成图

阅读小屋 抱枕

沏一壶伯爵奶茶，

搂着暖呼呼的抱枕，

翻开我最喜欢的费兹杰罗……

林千翠老师的 华丽旅行卧室

作品设计、制作、提供 / 林千翠老师　摄影 / 詹建华　编辑 / 简子杰　美术设计 / 陈启予
摄影场景提供 / 小士林租屋 0983-001657

抱枕

每一片印花都是抢眼的主角，但拼接在一起意外地有种恰到好处的协调感。

故事设计 文 / J.J.

午后的阳光在窗棂上闪耀，我懒洋洋地趴卧在床，随意翻开相本，回味着曾经的笑容与足迹，一幕幕的回忆像走马灯一样不断掠过脑海。回忆里，多的是旅行的记录，每一张照片勾起的尽是绝无仅有的独家记忆，也唤醒一些过往的悲喜，“啊！我记得这个尼泊尔的伯伯，跟他杀价杀了好久呢！”“那天京都的枫叶落个不停，好美！”“这张是在伦敦眼上的自拍，哈哈！”“我也在塞纳河左岸喝过咖啡啊！”每翻一页，就有不同的惊喜，不同的感动涌起，想起那段旅途的点滴、遭遇的人事，就好像在读一段冒险游记，那样的高潮迭起，余韵不停。如今回首，才惊觉自己也曾借着双脚的力量，踏过好些国家，一股切实的幸福感油然而生。

而一个春天的下午就在感动与惊喜之间，轻轻溜走。

Bedroom

作品欣赏

拼布被

由蓝绿色系布料设计而成的拼布被，仿若春日山谷里向下奔流的一股清溪。

设计概念

采用色彩鲜明的印花布，堆叠出一套让人眼花缭乱却也叹为观止的华美系列作品。通过红色与绿色的强烈对比，各式印花的铺陈，一种带点民俗风又前卫华丽的卧室氛围应运而生。

完成尺寸：枕头套 约 69cm × 43cm
地垫 约 85cm × 57cm
作品尺寸：抱枕 约 35cm × 35cm
拼布被 约 204cm × 210cm

地垫

HOW TO MAKE

做法绘图 / 林巧佳

材料

配色布各 15cm

后背布 60cm

铺棉

做法

1. 先将布条裁成大小不一的条状（可依个人喜好裁剪），铺棉则裁成 58cm×87cm。

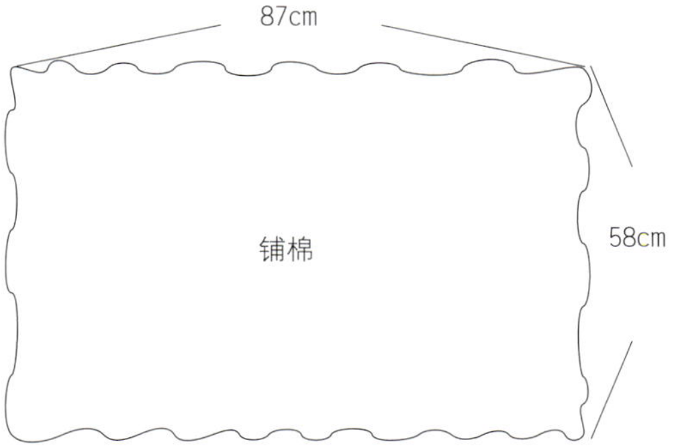

2. 将铺棉背面先烫上布衬，再反面车缝。

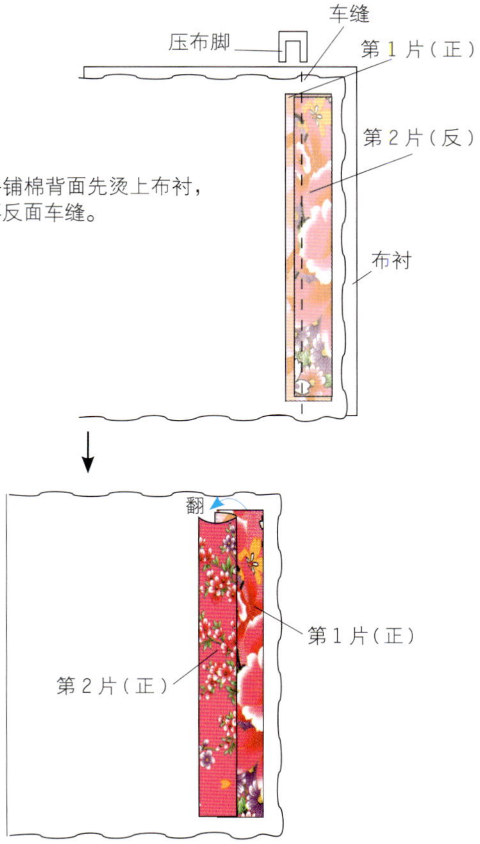

3. 全部依翻车法依序缝合后，放上后背布需比表布铺棉每边大 7cm，再往前折 3.5cm 车缝，包边即完成。

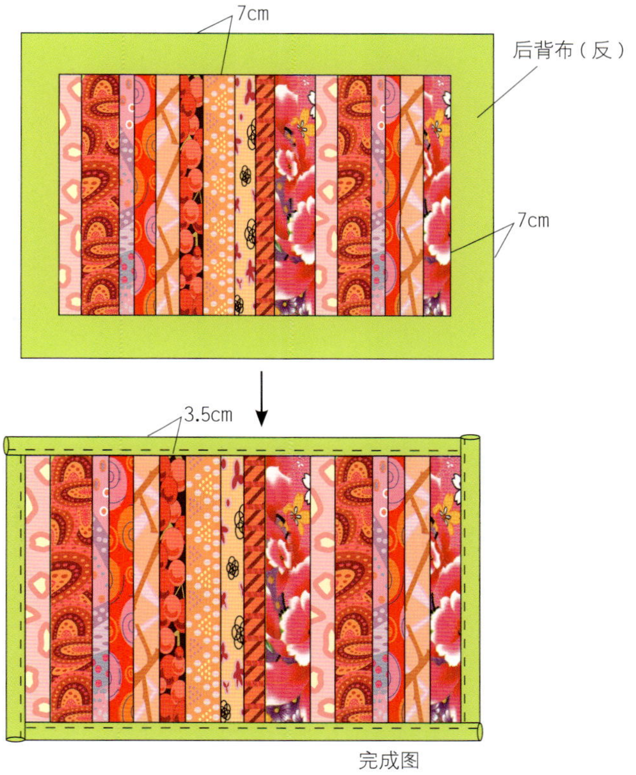

华丽旅行 枕头套

我用印花铺满旅行的回忆，
走过仍会听见那时的笑语。

制作方法请参考P.60～61

第 11 届日本拼布展获奖作品展见闻

撰稿/乔爽

日本大概是目前世界各国拼布艺术最深入人心的国家，每年都有各种拼布艺术展，并吸引大量的爱好者前去观摩。由日本手艺普及协会主办的日本拼布展可谓是日本拼布艺术界的盛会，国内也有不少拼布爱好者缘此亲赴日本，只为能够近距离目睹来自世界各国的拼布艺术家的新作。

今年 4 月 1~6 日，第 11 届日本拼布展（The 11th Quilt Nihon Exhibition 2011）获奖作品展，在日本东京都美术馆开展。应日本宝库出版社及日本手艺协会的邀请，由北京宝库国际文化发展有限公司组织，中国的 13 位拼布讲师以及对国内拼布艺术起到极大推动作用的河南科学技术出版社两位负责人一行，一起飞往日本东京，开始了为期 5 天的东京拼布考察之旅。

东京都美术馆坐落于有“史迹和文化财物的宝库”之称的上野公园内。时值 4 月，园内正盛开着樱花，一路都是赏樱的游人，热闹非凡，大家惬意地穿过樱花大道，到达稳重又富有现代感的东京都美术馆，进入了我们期待已久的日本拼布展展厅。

日本拼布展首次举办于 1990 年，每二三年举办一次。本次展览的评审活动于 2011 年 11 月 22 日完成，参赛的 377 幅作品来自 15 个国家，其中传统拼布作品有 199 件，现代拼布作品有 148 件，经过层层严格的评选，最终有 75 个优秀作品入围获奖，并在东京都美术馆展出。

展厅的入口处醒目的展示了本届展览的最高奖“日本文部科学大臣奖”的获奖作品《满天繁星》，紧随其后的是金奖作品 *Streamline* 以及东京都知事奖作品 *Rose Garden* 等。各种不同风格与制作方法的作品一个接一个，放眼望去，既有构图规整的图谱拼布，又有构思跳脱的具象作品；既有展现日本传统文化的典雅色调的作品，又有充满现代派风格的色彩鲜艳饱满的作品；既有完全运用统一的纯棉布制作的作品，又有使用手织布、牛仔布、闪金布、玻璃纱、金属配件等多样化材料制作的作品……每一个作品都展现出艺术家的精巧构思，同时给拼布爱好者提供了主题、构图、用色、材料、制作等各方面的灵感和启发。

At The Circus

《满天繁星》

《满天繁星》局部图

《生命》

《夕照》

《夕照》局部图

笔者有几点启发：

首先，通过本次获得最高奖项“日本文部科学大臣奖”的作品，再联系近几年的展览，比较几次的大奖作品，都有共同的特点，就是会评选出一个设计巧妙并且制作工艺精细到极点的作品。今年的获奖作品《满天繁星》从图谱的拼接到手工压线，几乎没有任何瑕疵，尤其是边条的小块拼接处理，真是精美极尽，让人眼花缭乱。与之相似的是第 10 届和第 9 届的均获奖的拼布艺术家 Hiroko Nakayama 的作品，在无数尖细的锐角的处理上也是完美无缺，充分体现了日本拼布艺术与欧美拼布艺术相比所特有的重视工艺，精工细作的艺术特色。

其次，纯机缝的作品手缝和机缝相结合的作品，大约占了全部作品的二分之一，比较近年的各个拼布展，可以看出机缝拼布作品越来越受到拼布创作者的青睐。一方面可能是因为同样一件作品用机缝制作要比手缝快得多，使用机缝进行拼布创作使艺术家们可以有更多的机会来探索和尝试新的构思和技术。另一方面就是机缝技术突破了手缝的制作局限，使各种材料的使用、拼贴和搭配方式产生了许多新的可能，甚至给拼布艺术带来全新的面貌。如油画拼布就是机缝带来的一种特殊的拼布类型，此次参展的日本艺术家坂上政子的作品《生命》即为此类，该作品的色彩、肌理、细节处理的非常精彩。另外文部科学大臣奖的另一个获奖作品《草原》也是机缝作品，可见日本拼布的评审团也很注重新工艺的探索和拓展。

第三，是材料的综合运用在本次拼布展中非常普遍。过去更多的是欧美的艺术家不拘一格地使用自己设计的手染和手绘面料、人造纤维面料等，而这两年越来越多的日本艺术家也加入了这个行列，在作品中运用多种多样的面料和配件来展现拼布作品的艺术风格。如爱沙尼亚艺术家 MarjaMatiisen 的作品《布的年轮》就完全使用牛仔布和拉链进行创作；美国艺术家 Marianne Burr 的作品 *At The Circus* 则使用了在真丝面料上染色、手绘然后进行贴缝、压线的方法来创作；而日本艺术家纸谷百合子的作品《夕照》则别具匠心的全部使用了手织布来进行几何拼接。

值得总结的地方还有许多许多，无法一一赘述。作为拼布在中国的先行者，我们所能做的只是尽己所能的去努力，尽量提高自身的水准，同时为推动拼布艺术在中国的普及和发展做出微末的努力。

我们到达美术馆的时间比较早，但展厅里已经有不少观众，各种年龄的都有，不少观众都是三三两两围在作品前轻声细语，虽然语言不通，但能看出她们是在讨论作品的构思设计和制作方法。日本拼布能够发展到今日的高度，跟日本国民对拼布艺术的接受度有着直接的关系，而这也正是中国的拼布艺术想要跻身国际拼布艺术界所需要努力的一个重要方面。

黛西・单车逍遥趣

Food
拼布的食，甜蜜可爱。

Dress
拼布的衣，创意无敌。

House
拼布的住，接近生活。

Shopping
拼布的行，魅力时尚。

布的 *Sew la vie* 食・衣・住・行（第二回）

木棉花拼布艺术・Good Night House
李琼惠老师

小布点拼布艺术・拼布蛋糕店
郭铃音老师

小野布房・魅力春裳

利乐包造型

苹果女孩 VS 橘子男孩

香甜可口的果汁利乐包，绝对是今年春天的流行单品。做成笔袋、随身置物袋，带给我活力满满的恋爱元气！

橘子果汁化妆包

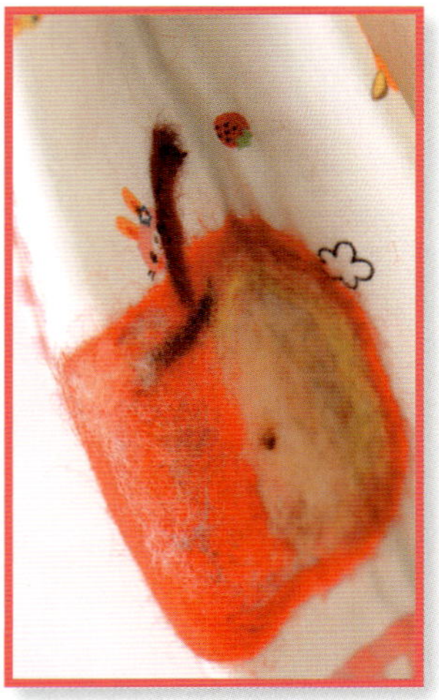

作品设计、制作、做法提供／郭铃音老师 摄影／Akira 文字／黄璟安 美术设计／林巧佳

Food's Point

以羊毛的深浅色做出水果造型图案的细致度，
橘子的果肉、纤维剖面惟妙惟肖，
看起来好Juicy喔！

完成尺寸：约7.5cm × 24cm × 6.5cm
内附原尺寸图 制作方法请参考P.64

作品欣赏

马卡龙装饰镜

沁甜草莓、黄金栗子、蜂蜜桑葚，

不同口味的马卡龙小镜子，

适合不同风格的欧夏蕾女孩使用。

作品尺寸：直径约5cm

特制尺寸的小圆镜，刚好可以放入马卡龙蛋糕里头，随身携带好便利！

作品欣赏

派对蛋糕口金包

刚烤好的草莓鲜奶油蛋糕出炉！

这是晚上派对要送给寿星的大惊喜。

作品尺寸：约18cm × 16cm

魅力春裳系列

花游恋绣洋装

微风拂过绯红面颊，吹起花的淡淡眷恋。
一不小心，就把熙来攘往的街，绣成了春天。

Dress's Point

使用简单绣法即可优雅呈现衣物的美感，将棉麻与仿绣布完美结合出创意洋裁的手作新乐趣。

完成尺寸：约103cm×92cm
内附原尺寸图
制作方法请参考P.62～63

作品设计、制作、做法提供／魏廷仔老师、简雪丽老师
摄影／Akira 文字／黄璟安 美术设计／林巧佳

作品欣赏

花游手挽包

女孩无法抗拒的小碎花，

在手挽包上头窃窃私语，

一颗心摇摇摆摆轻飘飘，

喔，是春天来啦！

作品尺寸：约36cm×31.5cm

作品欣赏

花游化妆包·袋中袋

与手挽包同系列的手作小物，

可作为化妆包，

也可当成袋中袋，非常实用！

作品尺寸：约23cm×15cm

美好夜晚双面提袋

夜晚的春雪，把大地冻醒了。
当明天的太阳又再度升起的时候，
冬日就正式宣告落幕，
屋外的大树先生精神抖擞地说着。

House's Point

以强烈的黑白对比，映显出夜晚的小房子和树木。贴布而成的皑皑白雪在屋顶闪闪发亮，白色绣线绣出树的图案，就像是在门外守护大家的精灵。

完成尺寸：约50cm×35cm
内附原尺寸图

作品设计、制作、做法提供／李琼惠老师 摄影／Akira 文字／黄璟安 做法绘图／李月椿 美术设计／林巧佳

包包的另一面图案设计。

挂在满布星辰夜里的银月，

默默露出皎洁的神秘微笑。

家家户户的灯火舍不得熄灭，

热闹的小镇是座快乐不夜城。

作品尺寸：约28cm×37cm

★记号折三角袋底

HOW TO MAKE

材料

黑色素布

印花布

提把

拉链45cm

绣线

做法

1.先将黑色素布裁52cm×81cm。

2.将前、后片树和房屋的图复写在黑色布上。

3.再将树和房子贴缝至黑布上。

4.贴缝好之后铺上棉疏缝。

5.压缝间隔3cm的菱格纹线，图案则以轮廓绣、结粒绣完成。

6.压缝好对折车缝组合，车缝底折角15cm(内袋同表袋方法完成)。

7.内袋做好放入表袋内(布的反面相对)，上面疏缝固定，裁包边布5cm×110cm。

8.拉链固定于口布上，袋口包边再贴缝固定。

9.缝上提把即完成。

逍遥风车　单车置物袋

骑着我心爱的脚踏车，
享受微风吹拂的凉爽气候，
感受春天摆动的悠闲节奏，
星期日的下午最适合。

Shopping's Point

将魔术粘放于袋内，可固定置物专用的铁架，是单车族最便利的随身好朋友，袋子前面风车叶片造型的装饰还能随风转动呢!

作品设计、制作、做法提供／黛西老师　摄影／Akira　文字／黄璟安　美术设计／林巧佳

完成尺寸：约26.5cm×28cm×15cm

◆内附造型风车原尺寸图　◆袋物制作方法请参考P.103

作品欣赏

逍遥女孩侧背包

不想回家念书的调皮女孩，

在大榕树下倚着凉椅打盹，

偶尔放松一下也不坏，

嘘……可别吵醒她了啊！

作品尺寸：约28cm × 18cm

1、2

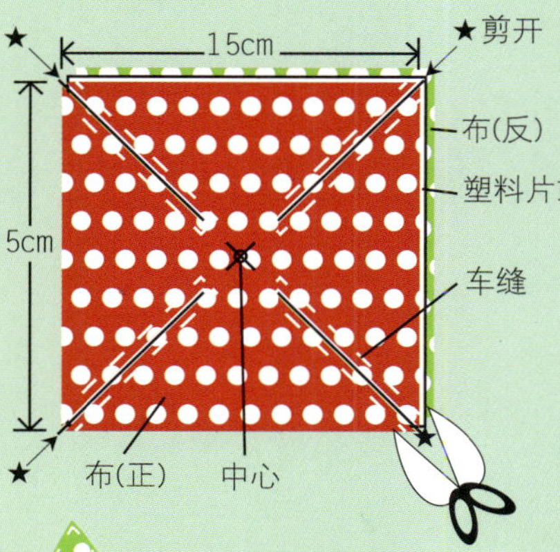

3

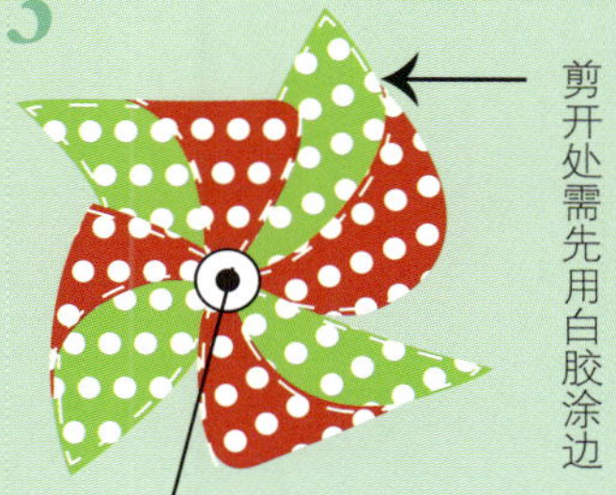

4

5

完成图

HOW TO MAKE

材料

黏土少许
铝线
夹子1只
珠子2颗
花布2色
塑料片(或纸板)
鸡眼扣

做法

1.车成纸型的图样。

2.四角剪开后必需用白胶涂边避免布毛边。

3.打洞敲上鸡眼扣。

4.铝线串珠子。

5.铝线绑在夹子上，铝线用少许黏土包覆即完成。

圆满花开

化妆包

做法摄影/Milk
设计、制作、台湾喜佳(股)公司
彭静慧老师
美术设计/台湾喜佳(股)公司
内附原尺寸图

用布量 素色底布30cm正方形1片、印花布8色各7.5cm
滚边布15cm、里布边长30cm正方形1片

材料配件 衬棉边长30cm正方形1片、拉链25cm1条
冷冻纸少许、车线、手缝线

运用工具 裁刀、裁尺、裁垫、珠针、消失笔
手缝针、口红胶

情境摄影/詹建华

示范老师：台湾喜佳　彭静慧老师
亚东技术学院流行事业经营系毕业
2年才艺教学经验
目前担任新竹远东百货专柜才艺老师

1 依纸型裁印花布6色各4片，将裁片对折车缝后修剪缝份。

2 翻回正面整烫。

3 6色各1片为1组并正对正车缝成扇形，共4片。

4 裁素色底布13cm×13cm共4片，缝份对齐将扇形以口红胶粘贴固定于素色底布上。

5 运用1/4圆的冷冻纸烫于布料反面预留缝份剪下。

6 将圆弧处缝份折入粘好放于扇形布上车缝。共完成4片。

7 裁边条布5.5cm×13cm2条及袋底布5.5cm×23cm1片并与做法6完成的4片依序车缝成表布。

8 将表布铺棉压线后依纸型修圆。

9 裁剪同表布尺寸的里布与表布反面相对疏缝固定再车缝滚边。

10 并于反面藏针缝。

11 取中心点以回针缝及立针缝将拉链缝好。

12 由反面将剩余的圆弧中点对齐拉链头尾后，卷针缝缝底角翻回正面调整袋底后即完成。

将手作创意与网络连接，

拼布的力量无所“布”在……

独家超人气作者连载，

要你发现布落格的惊喜与美丽。

潘妤莹老师・多妮的拼布幻想世界

苏玲满老师・嗨！花样厨娃！

阿 Kat 老师・Kat's Quilt Garden

人气主打星 手作家的布落格

映衣老师・粉领系的蕾丝童话

陈慧如老师・彩绘的美・布知道

Ann 妈咪的拼布小角落

Donny & Doggy

多妮的拼布幻想世界

新登场

晴天多妮·零钱包

Donny 1

作品设计、制作、做法提供／潘妤莹老师
摄影／萧维刚 文字／黄璟安 美术设计／陈启予
做法绘图／李月椿

完成尺寸：约14cm×11cm×6cm
内附原尺寸图形

多妮与狗狗

创意拼布家潘妤莹老师，全新打造可爱的贴布小女孩多妮与她的宠物们。在多妮的拼布幻想世界里，会发生什么有趣的事情呢？跟着她们一起去探险吧！

Side Look：
特殊的瓜子形袋底，
让零钱包的容量更大了！

作品欣赏

腊肠狗小多多·口金包

适合散步的好天气，
小多多和多妮发现森林内的小房子，
房内散发出神秘香气，
不知道是不是住着童话里的人物呢？

Back Look：
延伸至背部的腊肠狗身体，
让作品的画面更有漫画感。

作品尺寸：约12cm×8.5cm

1

贴布缝合完成

6、7

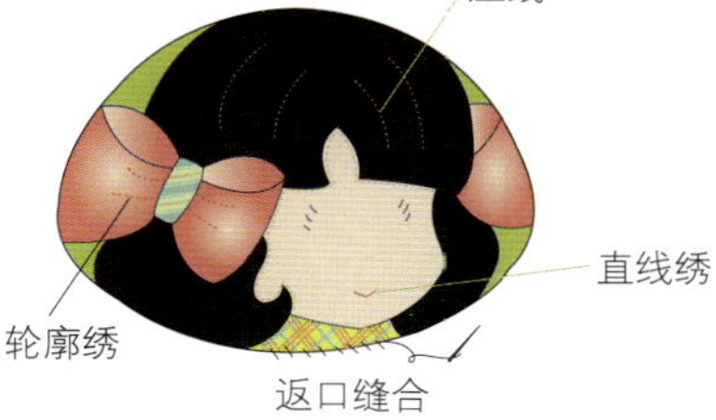

2

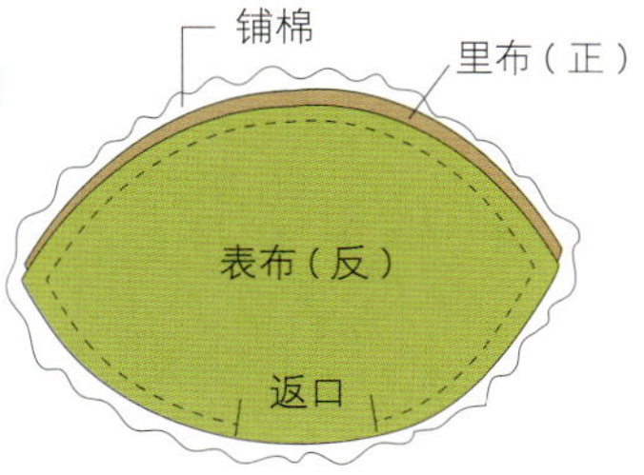

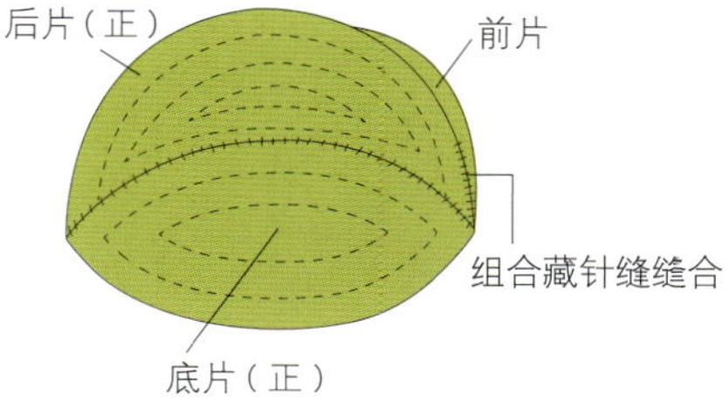

3~5

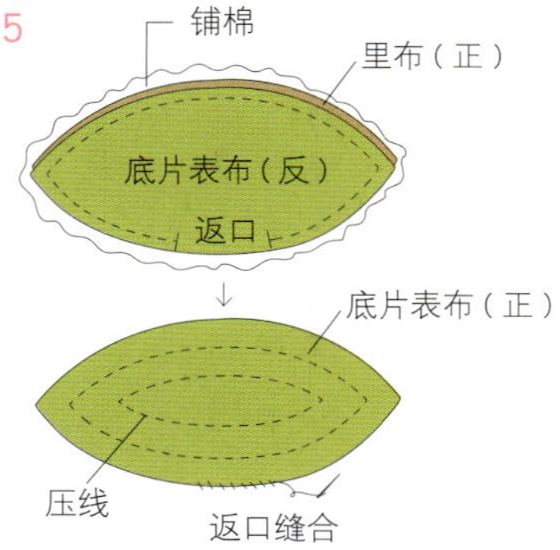

8

完成图

HOW TO MAKE

材料

坯布 15cm×18cm
先染布 26cm×18cm
里布、铺棉各 42cm×18cm
贴布片适量
拉链 18cm
绣线适量

做法

1. 坯布为底，按顺序贴布完成。
2. 表布＋里布正面对正面放好，描好版型，外留 1cm 与铺棉一同车缝，下方留 5cm 返口。
3. 后片、底片做法与前片相同。
4. 翻回正面前，周边铺棉记得修剪掉，多余的布边用锯齿剪刀修剪至 0.5cm 再翻回正面。
5. 返口处用藏针缝合，开始压线（压线记得藏线头）。
6. 蝴蝶结绣线 2 股，用轮廓绣完成，眼睫毛 1 股、嘴 1 股（直线绣）。
7. 上拉链，组合时找出中心点对齐，再用梅花线，双线藏针缝缝合即可。
8. **眼睛画法**：描绘定点、脸部腮红（用色铅笔）、雀斑（咖啡色压克力颜料），眼睛先上黑色颜料待干后再上白色颜料，周边留些黑色轮廓，即完成。

To be with U

花样厨娃单口提包

暗恋小花的蜜蜂哔哔，是花样厨娃的跟屁虫，
总是在院子东奔西跑，收集甜蜜的花朵情诗。

作品设计、制作、做法提供／苏玲满老师　摄影／C.CH　文字／黄璟安　美术设计／李月椿　做法绘图／陈宇柔　内附原尺寸图　完成尺寸：约20cm×27cm

HOW TO MAKE

材料

先染布
贴布片
坯布
里布
铺棉
绣线
装饰
娃娃头发
织带3cm×23.5cm

做法

一、前片

1. B片先贴上灰色布。
2. A片与B片接合后再贴布缝上图案。
3. 表布+铺棉+坯布疏缝压线。
4. 装饰各部位。

二、后片

1. A片与B片接合。
2. 表布+铺棉+坯布疏缝压线。

三、袋身

1. 前片与后片各自车合角底完成。
2. 2片布正面对正面车缝。

四、里袋

1. 尺寸与做法皆和表袋相同，下方留返口。

五、组合

1. 里袋套入表袋，布的正面对正面车缝袋口。
2. 由返口翻至正面后缝合返口。

六、提把

1. 裁织带3cm×23.5cm(含缝份)。
2. 裁织带布条4cm×23.5cm(含缝份)。
3. 布条往内折0.7cm缝份，藏针缝固定于织带。把织带夹入提把位置，袋口缝份往内折，藏针缝固定织带。

START！

一

1、2

(前片)

3、4

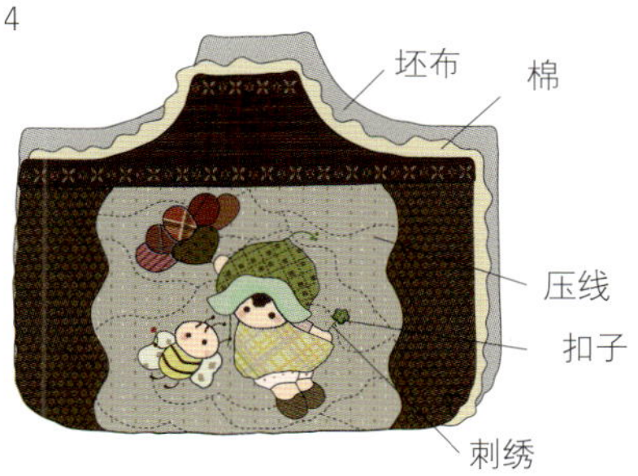

二

1、2

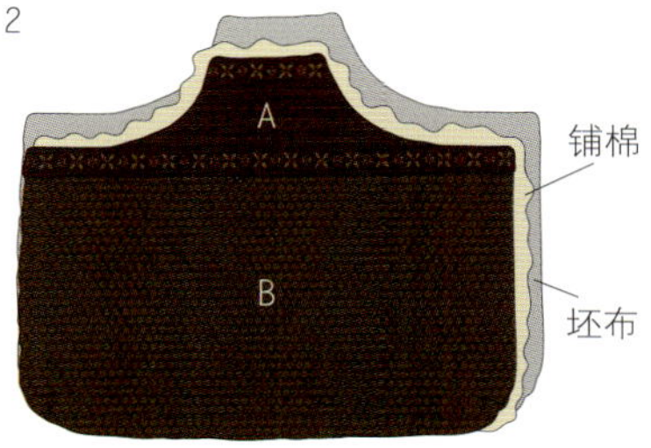

(后片)

三

1、2

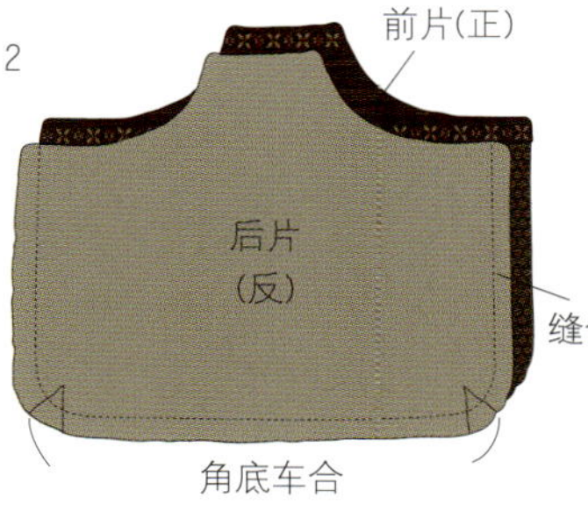

四、五

1、2

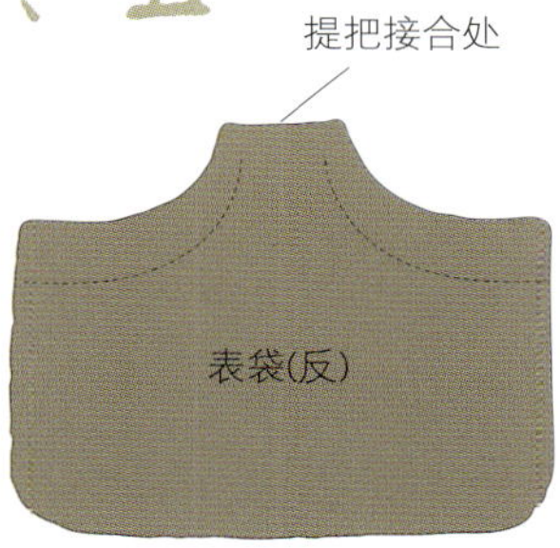

六

1～3

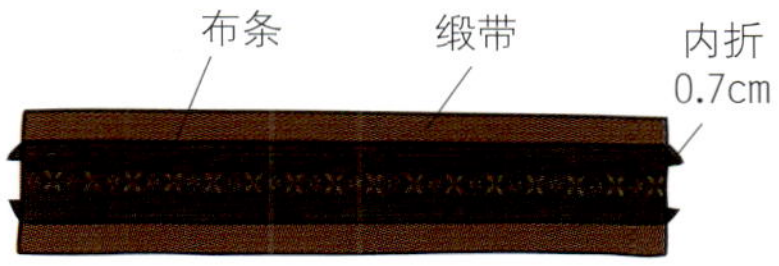

完成图

花样厨娃小档案

好可爱拼布系列的最新诞生人物，取名来自我在部落格上的票选活动。花样厨娃帽子上的3个结粒绣，代表“爱、快乐、勇气”的种子。 ——苏玲满老师

KAT'S QUILT GARDEN

Plant 2

恋爱波斯菊

花的小字典

波斯菊(Coreopsis)

红色波斯菊花语：多情。波斯菊喜欢日照强且高温的环境，若在遮阴光线不足的环境下容易倾倒且花梗会弯曲，造成开花不良。

L.O.V.E 波斯菊挂饰

缤纷的色彩拼接，让可用来迎宾的小挂饰，
在春天格外讨人喜爱。佐以心形轮廓及斜格压线，
使作品在背景配置上多了些趣味和变化。
爱唱歌的蓝色小鸟，像不像是在对害羞的红色波斯菊热情表白呢？

作品设计、制作、做法提供／阿Kat 摄影／Akira 文字／黄璟安 美术设计／林巧佳 做法绘图／韩欣恬 内附原尺寸图

完成尺寸／约83cm×28cm

红底白点的可爱花瓣，与条纹布做成的花蕊呼应，
再加上明朗的鲜绿色，春天的拼布花朵，绽放恋爱的力量。

HOW TO MAKE

材料

- 浅色底布90cm×35cm
- 红色点点布(包含花瓣与屋檐)30cm×30cm
- 绿色点点布2款(花茎与叶)，每款15cm×15cm
- 配色布11款(包含红色条纹布、粉色花瓣、welcome字母、小鸟身体、招牌)，每款15cm×15cm
- 小鸟翅膀与眼睛布少许
- 镂空爱心红色小点点布7cm×36cm
- 滚边布4cm×220cm(斜纹布)
- 后背布90cm×35cm
- 铺棉120cm×35cm

做法

1 将图案用消失笔画在浅色底布正面。

2 将图案所需的布片预留缝份裁剪，以贴布缝的方式将布片逐一缝合在底布上。

3 小鸟嘴巴和脚用轮廓绣刺绣完成(2股绣线)。

4 表布＋铺棉＋后背布三层疏缝，开始进行压线，先将所有图案的边缘落针压线，花朵周边范围以爱心藤蔓图案压线，其他位置则以2.5cm斜格子压线。

5 压线完成后修剪边缘尺寸29cm×83cm(包含1cm滚边)。

6 屋檐布片共4组，每组2片与铺棉正面相对车缝弧形处，修剪缝份处多余的铺棉后，缝份剪牙口翻回正面。

7 将4组屋檐对齐底布上方疏缝固定。

8 招牌可选择适当的图案布，或是刺绣完成喜欢的文字，正反两片布加上铺棉正面相对，沿周围车缝一圈留返口，修剪缝份处多余的铺棉后，由返口翻回正面，缝合返口藏针。四周以绣线平针缝上虚线装饰，角落缝上扣子，扣子勾挂上粗棉线之后缝在屋檐片下，招牌可依喜好的角度垂吊。

9 作品四周滚边收尾即完成。

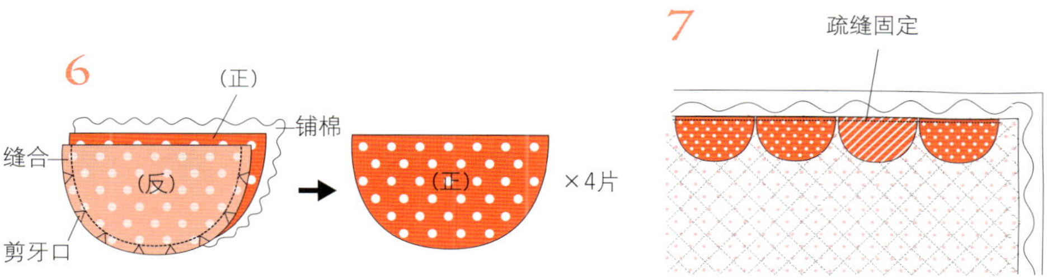

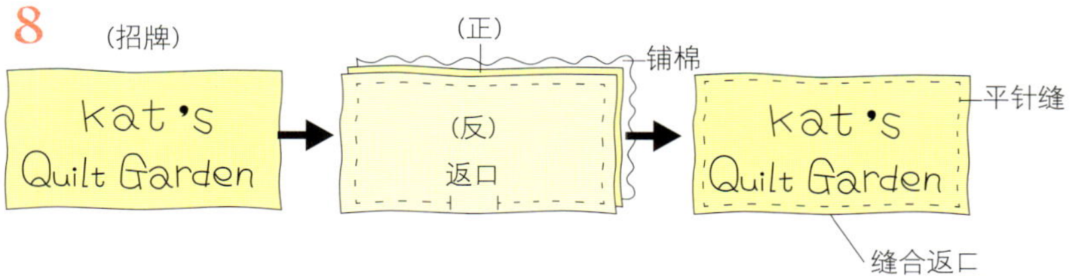

完成图

喜欢下雨的原因

每到雨天，
巷口的小房子就会飘来咖啡的香味，
好奇的我总猜想，
泡咖啡的主人会是怎样的一个人呢？

他会喜欢摩卡的浓醇，还是拿铁的温和奶香？
或者，他只爱黑咖啡，那成熟优雅的最原味？

于是我下班经过的时候，总忍不住探头望，
但回家的时候都是天晴。

哎，这就是我喜欢下雨的原因。

马甲舞会隔热杯套

完成尺寸：约24.5cm×6cm(杯套)
作品设计、制作、做法提供／映衣老师　摄影／萧维刚　文字／黄璟安　做法绘图、美术设计／李月椿
内附原尺寸图

利用宽版蕾丝作为主角，
缝上精致的珠珠、水晶等配件，
让都会上班族在匆忙的工作日，
喝茶也能保有优雅姿态。

THE POINT OF LACE

洋装约会隔热杯套

作品尺寸：约24.5cm × 6cm

作品展开图示

甜蜜玫瑰隔热杯套

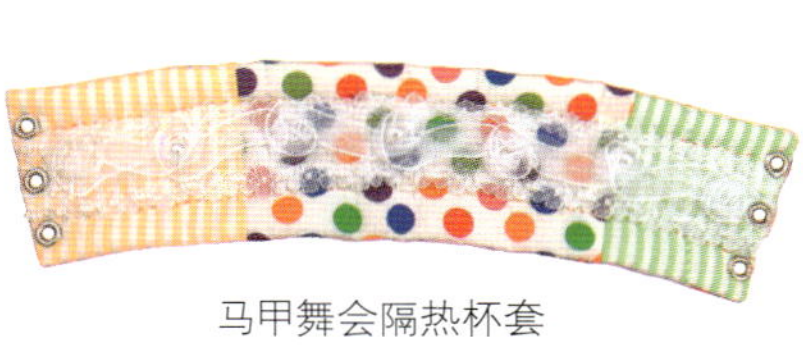

马甲舞会隔热杯套

HOW TO MAKE

材料

印花布3种 A：14cm×8cm
B：8cm×8cm
C：8cm×8cm
铺棉、里布27cm×9cm
玫瑰织带25cm
珍珠纱缎带30cm
小白珠适量
小鸡眼扣6个

做法

1 先将布片拼接好，再将玫瑰织带固定好。

2 再将小白珠缝在织带的上下两端。

3 表布、铺棉、里布一起缝合(表布与里布正面对正面），留返口翻至正面后，再缝合返口并在织带的上下两端压线。

4 在完成的左右两端平均打上3个鸡眼扣，穿上珍珠纱缎带即完成。

1

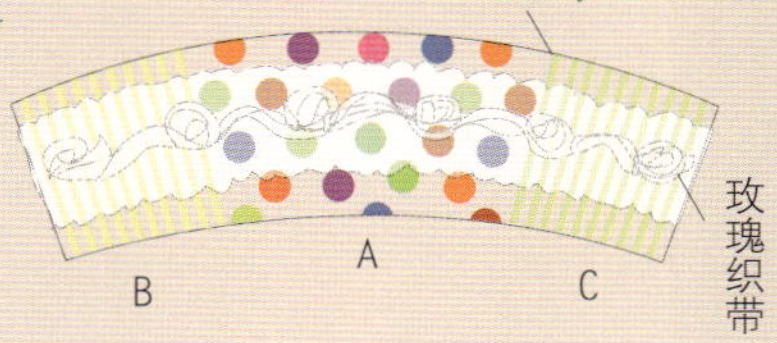

2

3

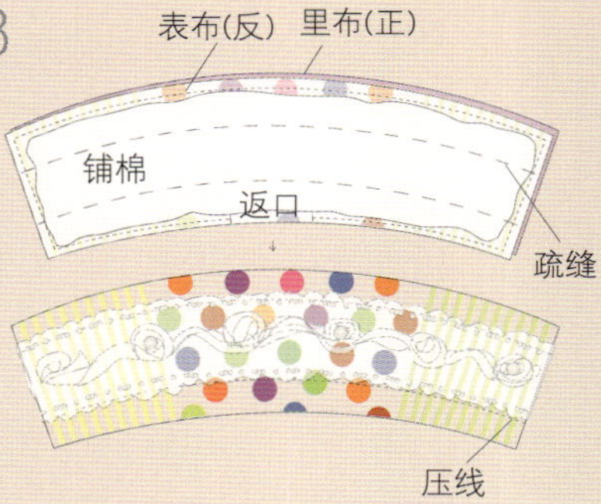

4

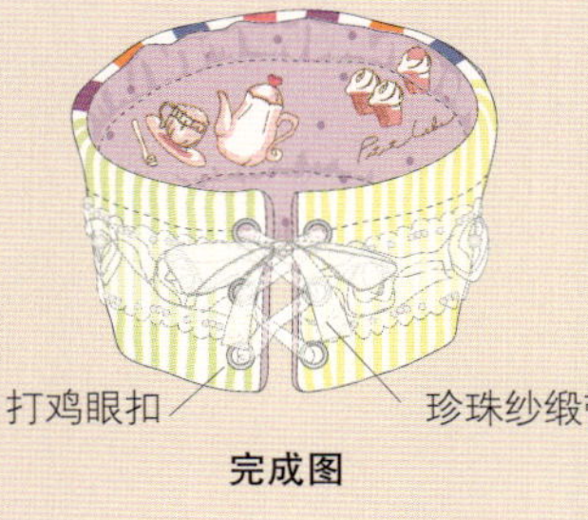

完成图

母亲节快乐！
康乃馨爱心盒

在小巧的爱心盒里，
放入一条珍珠项链，
五月的红色康乃馨，
有妈妈的幸福味道。

作品设计、示范教学／陈慧如老师
情境摄影／詹建华 教学摄影／J.J.
文字／黄璟安 美术设计／李月椿

材料准备

使用素材：布制爱心盒SK-90001

使用颜料：So Soft布用颜料DSS-2、DSS-19、DSS-49、DSS-83、DSS-77、DSS-101、DSS-91

使用笔型：1/4动物毛笔、3号圆笔、10/0号线笔

其他工具：印章

HOW TO MAKE

简称：B=底色

S=暗面

H=亮面

S/L=单边渐层

康乃馨画法

1 动物毛笔先蘸DSS-77，前侧沾DSS-83。

2 将动物毛笔下压拓开笔毛，以左右转动的方式使笔成扇形。

3 再向上方推笔。

4 再下移收笔。

5 完成第一层花瓣。

6 依步骤1～5共画出三瓣，第二层在DSS-83与DSS-77中间加入DSS-2画出些许黄色调。

7 第三层从第二层的中间画，加入DSS-83制造出白色花褶。

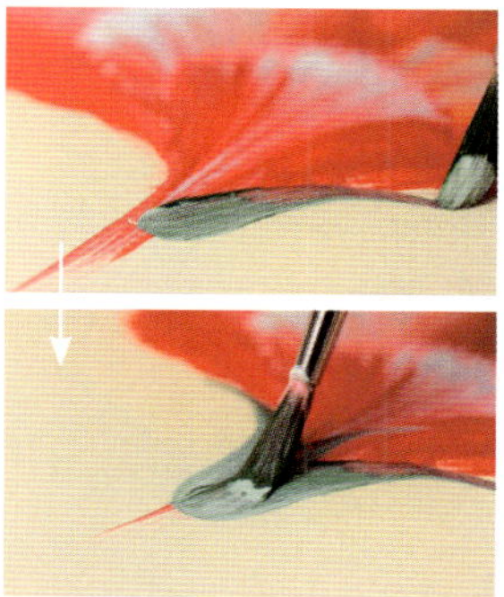

8 用3号圆笔蘸DSS-101、DSS-49画花托。

9 再分别用DSS-49蘸DSS-101及DSS-101蘸DSS-49做出不同叶子颜色的变化。

10 标签部分用DSS-83平涂底色，DSS-19单边渐层做出复古效果。用10/0号线笔蘸画DSS-19画线和洞，DSS-77画红线。最后再用DSS-77+DSS-2+DSS-83以海绵型染笔拍色、色、盖章、装饰即完成。

春天花朵面纸套

作品设计、制作、摄影、文字提供 / Ann
美术设计 / 韩欣恬　内附花朵叶子图案

这几天天气又变得好冷，让人不禁纳闷，春天的樱花不是都开过了，怎么冬天还没过完呢？好想为家里添一点春天温暖的气息，来做个花朵面纸套吧！

因为以前不曾尝试做过面纸套，心中一直对如何做它中间那个“抽取口”很好奇，忍不住想要自己动动脑挑战一下，拿着布料折来折去，好像悟出了一点道理，经过几次乱七八糟的试做，虽然是土法炼钢，但总算想出了一套简单的流程，这样，以后不管要做哪一种尺寸的面纸套，都没问题啰！

因为这是小型的面纸套，所以我不使用铺棉，改用较厚的里布。以蕾丝花边作为立体花朵中间的花蕊，是我在画花朵时想到的，玩拼布手作就是这么好玩，没想到当初在菜市场淘宝买到的蕾丝边，也能让人感受到花儿绽放的心怡！

How to make

（附注：适合装小尺寸抽取式面纸）

1 如图裁剪两块表布，缝份外加。

2 将两片表布拼接，依照纸型以双面衬烫上叶子贴布，边缘以毛边绣装饰固定。

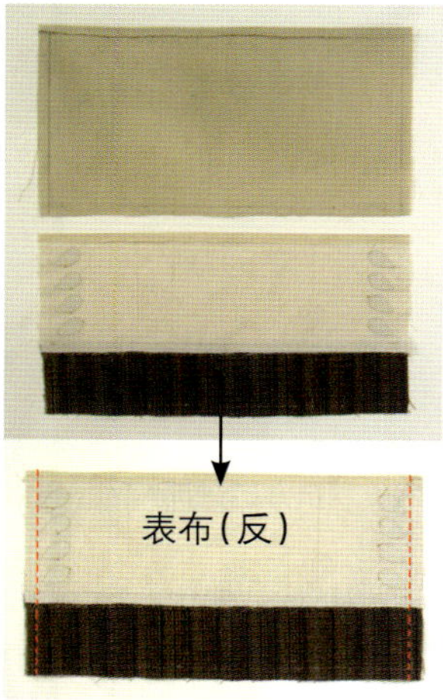

3 裁剪一片 36cm×19cm 的里布。表布与里布的上方缝份先以熨斗往内折并烫平，再将表布与里布正面相对，如图将两边平针缝固定。

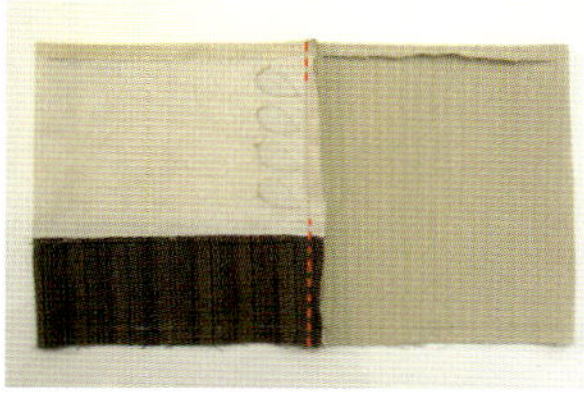

4 制作面纸套抽取开口部分：将步骤 3 的两侧的缝份转至正中央，依照图示将表布的上、下部分车缝固定，上方约车缝 2.5cm 长，下方车缝至两色拼接布的交界处即可。

5 再将布依照图示折叠好（请参考俯视图），将下方一起车缝固定。

6 将里布包覆住表布翻至正面，再将两边下方的底部依照图示车出 9cm 的宽度，再将表布翻至正面。

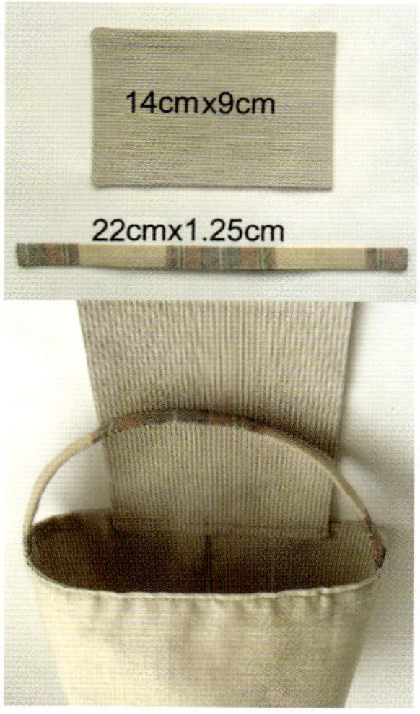

7 制作 14cm×9cm（完成尺寸）的袋盖。22cm×1.25cm（完成尺寸）的提把。袋盖与提把需烫上布衬增加厚度。再将袋盖与提把疏缝于面纸套上端，车缝一圈固定。再将袋盖缝上暗扣。

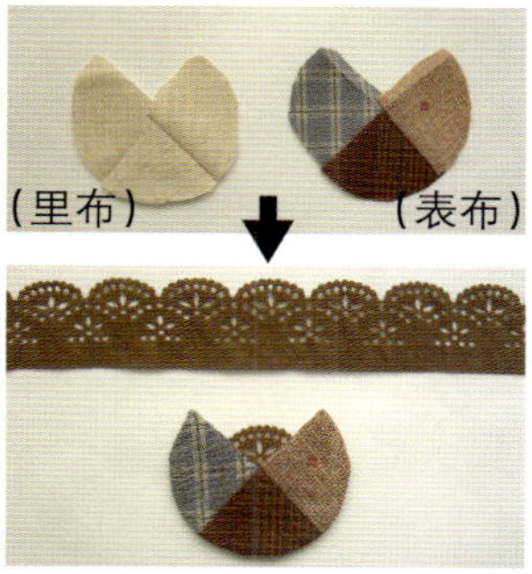

8 制作花朵：依照纸型拼接花朵正面与反面。将表布烫上布衬，再与里布正面相对缝合半圈，上方的 V 形部分作为返口，将缝份内折后翻至正面。再以蕾丝花边做花蕊，夹在 V 形部分，将返口缝合，即完成花朵。

9 再将花朵缝在面纸套上方，即完成。

IT'S OUR HAN AFTERNOON SWEET DO

不织布下午茶
美味甜甜圈

超级可爱的不织布甜甜圈，上面还有星星、爱心、点点图案，忍不住让人想多做几个摆在点心盘子里，天天陪我一起喝下午茶呢！

TIME MADE TEA DOUGHNUT

MENU

HOW TO MAKE

材料

素色不织布(浅蓝色、深蓝色)、图案不织布(奶油)各10cm×10cm
绣线、链条、填充棉

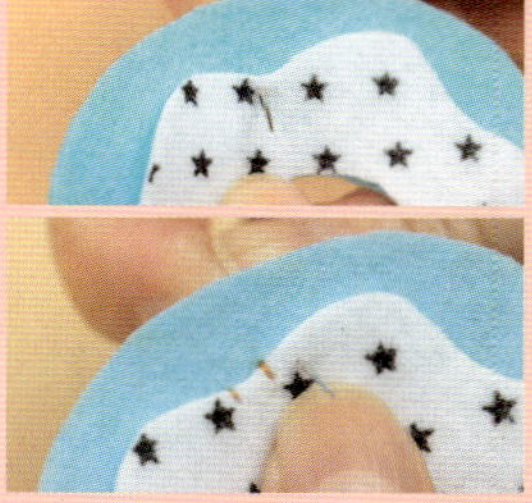

1 依纸型裁不织布：奶油1片，甜甜圈前、后各1片，以立针缝方法先将奶油固定于前片。

2 完成奶油装饰。

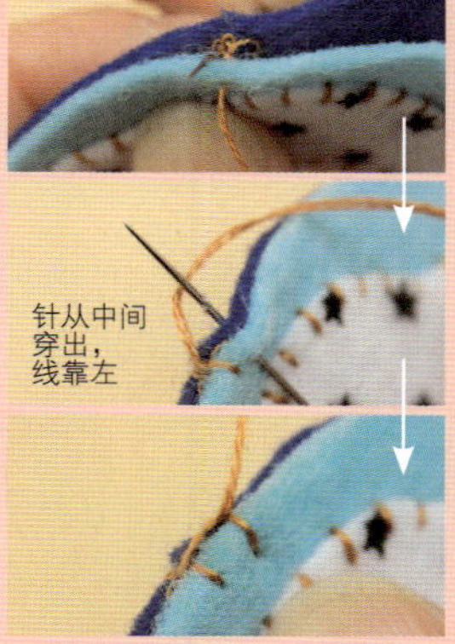

3 将前片与后片外围以2股绣线做毛毯边绣，将线头藏于2片内。

4 外围缝好后，再缝内圈。一边缝一边塞入填充棉，以毛毯边绣完成。

5 依个人需要裁不织布做挂耳，将挂耳缝在甜甜圈上，穿入链条即完成超级可爱的不织布甜甜圈。

完成尺寸：直径约7cm
内附原尺寸图
作品设计、制作、示范教学／布・想做工作室
摄影／Milk　文字／黄璟安　美术设计／李月椿

How to make 拼布放大镜

缝纫生活的乐趣，来自于每一天都有新创意。
用放大镜观察手作小细节，就跟着我们一起动手做吧！

★★★★★ 为做法难易度指数参考

- 除了特别指定之外，做法解说内的尺寸皆不含缝份。
- 本单元做法标示的数字单位为 cm。
- 为避免争议，做法内容皆为设计者提供及示范，部分拼布用语略有不同，敬请见谅。

How to make ★

P.20 阅读小屋・枕头套

教学示范 / 张娟珠老师
文字 / Milk　摄影 / J.J　美术设计 / Celina

材 料

表布 49cm×154cm
配色布 7 色

完成尺寸：约 72cm×48cm

1 依纸型裁好拼接布片 6 组、房子图案 3 组。

2 如图各组依序拼接，反面的缝份倒向深色布片，拼接成一个完整的图案。

3 如图相同做法共完成 6 片，再依序拼接成 3 组。

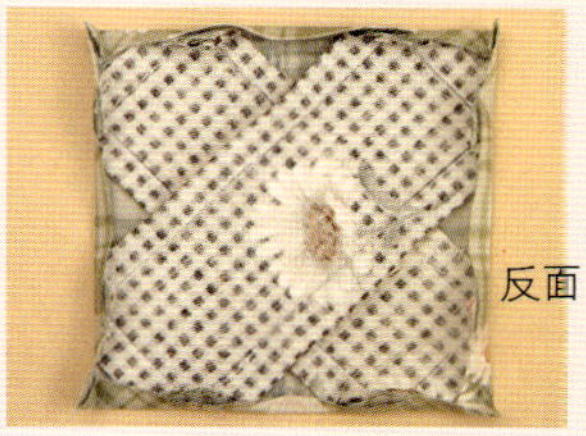

4 将 0.7cm 缝份烫好，以贴布缝方法缝上表布。表布尺寸：49cm×154cm。

5 也将房子图案贴布缝上，沿着图形做压线处理，拼布图形则落针压线。

6 表布对折，上、下、左侧各车缝一道固定线。

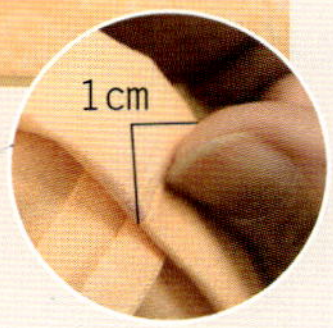

7 开口处往内折 2 次 1cm，车缝收边即完成。

How to make ★★

P.12 阳光花园·背心

教学示范 / 郭珍燕老师、张艾雯老师
文字 / Milk 摄影 / J.J 美术设计 / Celina

材料

图案布：表布 60cm
条纹布：里布、滚边用布 90cm
美国铺棉
蕾丝 240cm
塑钢拉链 35cm
口袋配色布多色

完成尺寸：约 46cm×57cm

1 表布加美国铺棉裁 65cm×110cm，一起用缝纫机压 3cm 正斜格纹。

2 依纸型裁下前片 2 片、后片 1 片。前、后片里布也裁好，但不需加美国铺棉。

3 前片与后片正面对正面车缝肩线及侧边。

4 里布以相同方法完成。

5 前片的肩线如图打开缝份，翻至前面从正面压缝两道 0.5cm 固定线。

6 侧边以相同做法完成。

7 里布套进表布先疏缝固定。

8 如图于领口及下摆边缘 0.5cm 处车缝上蕾丝。

9 裁 4.5cm 滚边条如图完成滚边。

口袋制作

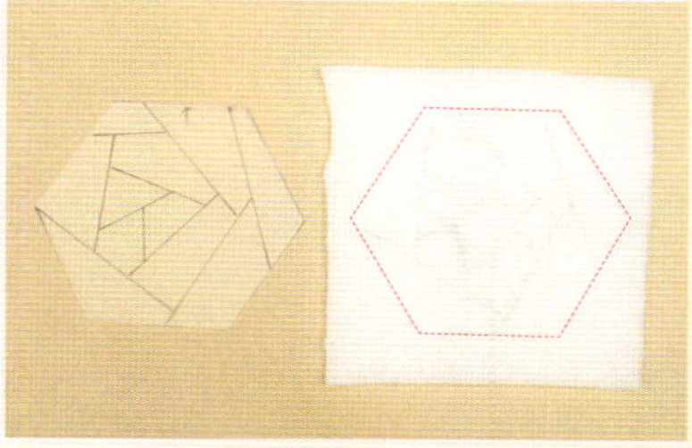

10 以疯狂拼布做法依纸型在铺棉上画好图案并写上车缝顺序。

2 片布的正面相对，再翻开。

11 将配色布依顺序翻车完成。

12 完成口袋的拼接后裁下形状与里布。

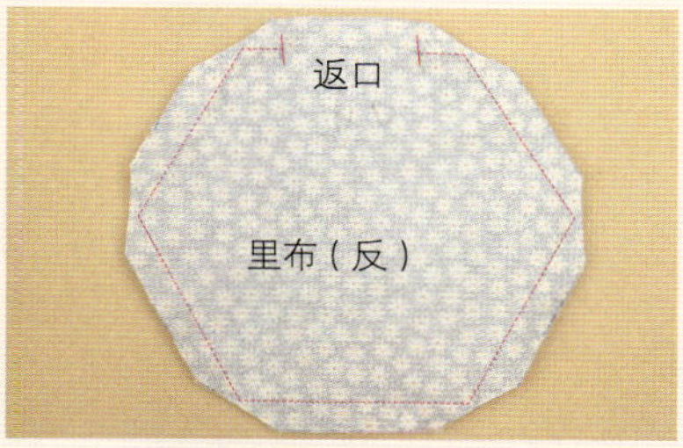

13 口袋表布与里布的正面相对车缝，剪掉转角的缝份，上方留返口。

14 从返口翻至正面并藏针缝缝合返口即完成口袋。

15 于前片位置车缝上口袋与 35cm 塑钢拉链即完成。

How to make ★★

P.16 少女时光・面纸套

教学示范 / 冯琦钰老师
文字 / Milk　摄影 / J.J　美术设计 / Celina

完成尺寸：约 23cm×13cm×9cm

材料

表布（花布）30cm、配色布（格子布）30cm
蕾丝 2 色各 30cm、厚布衬 2.4cm
包扣 2 颗、四合扣 2 组

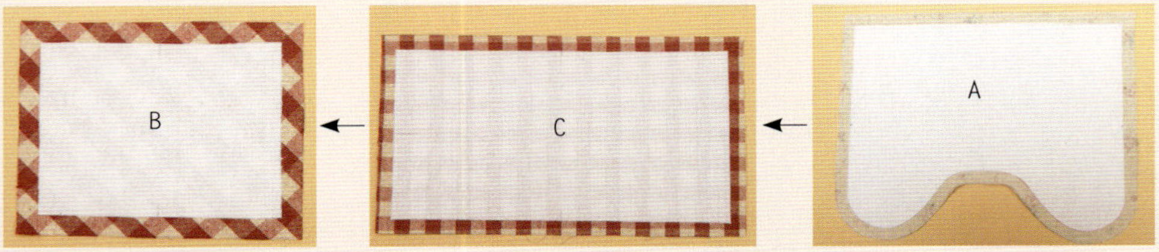

1 依原尺寸图说明裁花布（表布 A、里布 a）4 片、斜格子布 B 12cm×9cm（表布侧边）2 片、正格子布 C 23cm×12cm（表布盒底）1 片、正格子布 b 12cm×9cm（里布侧边）2 片、花布 C 23cm×12cm（里布盒底）1 片，各烫上厚布衬
（以上标示尺寸为布衬的尺寸，布请各外加 1cm 的缝份）。

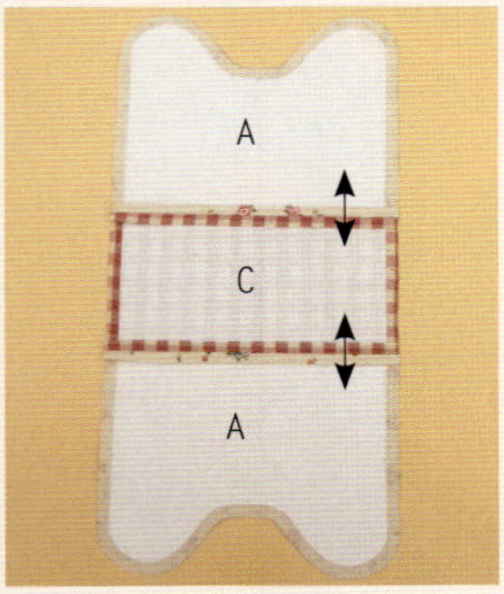

2 如图将盒身与盒底接合完成（点到点接合），缝份烫开。

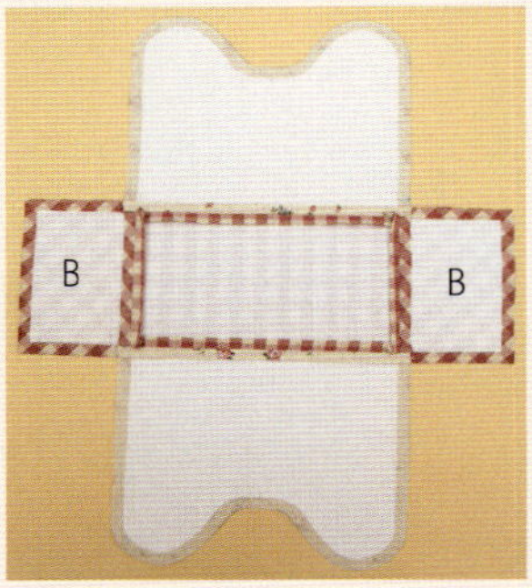

3 再接合侧边，缝份倒向请如图烫好。

4 将侧边布与盒身布接合成立体状。

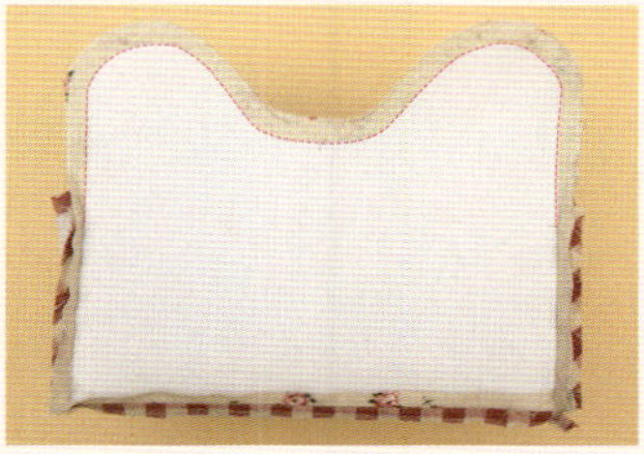

5 里袋依步骤 2 ~ 4 完成后，与表袋正面对正面套入车缝一圈，侧边留返口。

6 用锯齿剪刀于弧度处剪牙口。

7 从返口处翻至正面，缝合返口，外围压一圈装饰线。

装饰扣制作

8 蕾丝长 15cm，宽 2.5cm，2 条重叠对折后平针缝合上端。

9 缩缝一圈并拉紧成圆形花。

10 准备 2.5cm 包扣，裁直径 5cm 格子布。

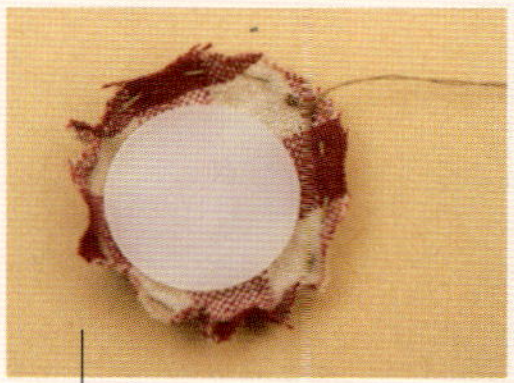

11 格子布放入包扣缩缝一圈后拉紧。

12 将包扣藏针缝在完成的蕾丝花上。

13 取一小块圆素布放入 1.2cm 四合扣，缩缝后放于尺寸图标示的四合扣位置用锥子打入。

14 将步骤 12 盖上四合扣藏针缝在面纸盒上即完成。

How to make ★★

P.26 华丽旅行·枕头套

教学示范 / 林千翠老师
文字 / Magi　摄影 / Milk　美术设计 / Celina

材 料

各色布片约 10 种、铺棉、
后背布、坯布、布衬

完成尺寸：约 69cm × 43cm

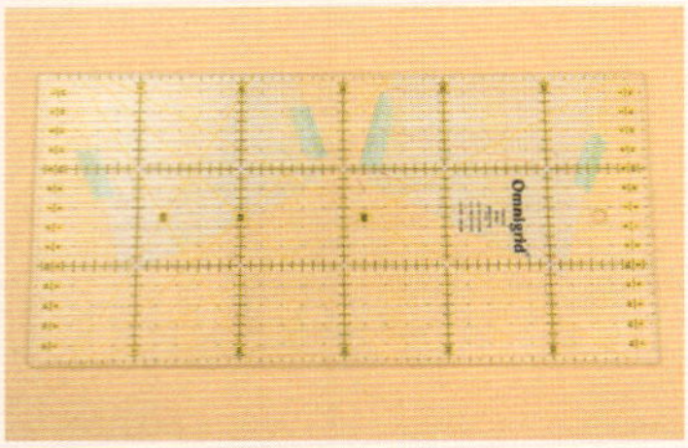

正面图

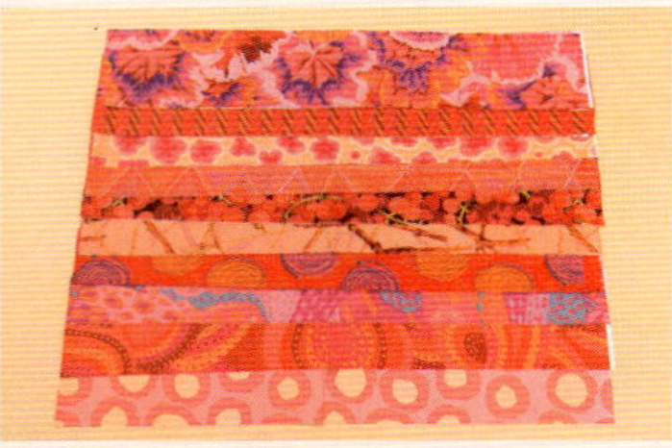

1 各色表布 10 片，各按布的幅宽裁 10.5cm 宽的布条。

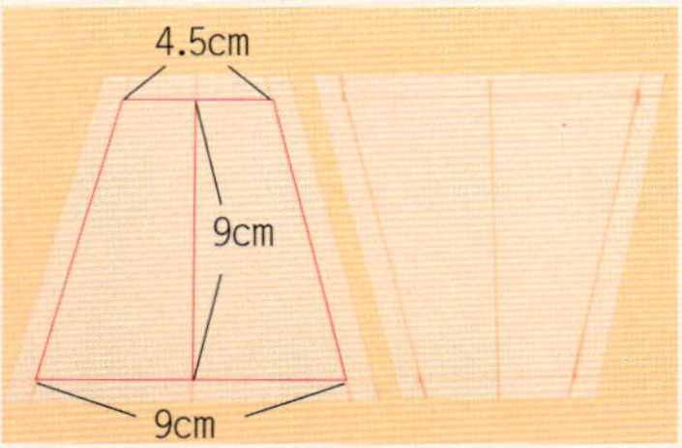

2 在描图纸上画出纸型（四边外加 0.7cm 缝份）并剪下。

4 将步骤 3 的裁切尺放于步骤 1 的布上（纸型置于中间），对准纸型再将布裁切。※ 裁切请使用轮刀。

3 如图将纸型贴于裁切尺的反面上。

5 再将裁切尺转向另一个纸型，一样将布对准之后裁切。

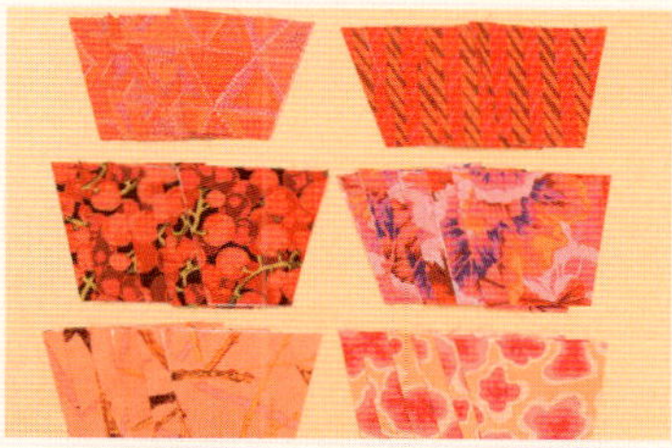

6 重复步骤 4、5，裁切所要的布片。

7 将布片依喜爱的配色排列，一排11 片，共 5 排（共 55 片）。

8 先拼缝第一排，2 片布如图正面相对再缝合一侧。

正面打开图。

9 5 排都各自拼缝完成。

反面缝份倒向图。

10 再将 5 排缝合完成前片。

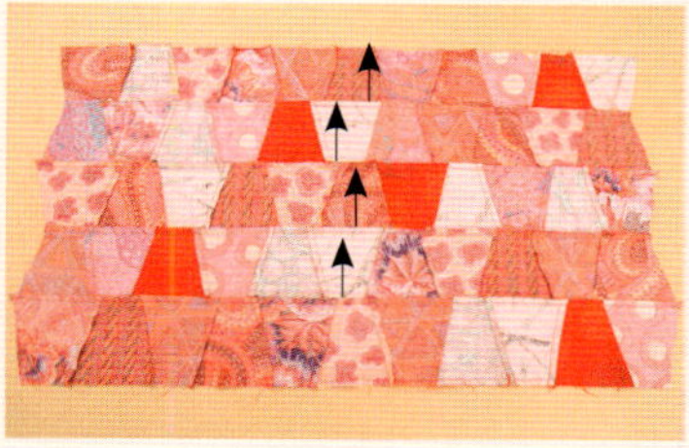

反面缝份倒向图。

11 使用布用喷胶将完成的前片＋铺棉＋胚布，三层稍微固定。

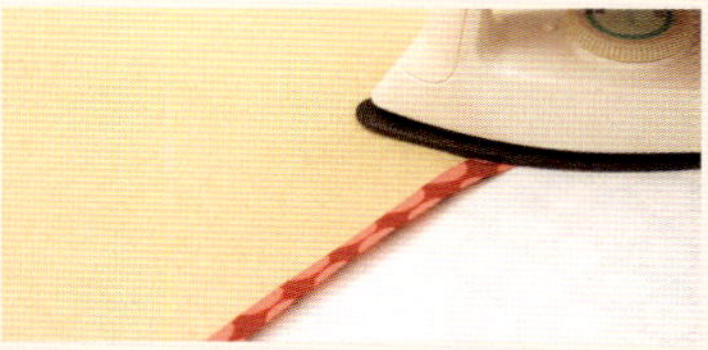

12 裁 2 片后背布，后背布先分成 3 等份再以 2：1 的尺寸各外加重叠部分 7cm，将布翻至反面，一侧各如图折 2 次 1cm 与压好线的表布同样大，再放入布衬烫贴上固定（布衬有胶面朝下，需塞入刚刚折 2 次 1cm 处再烫贴）。

13 将后背布用里布放入步骤 12，全部车缝（另一片后背布相同方法完成）。

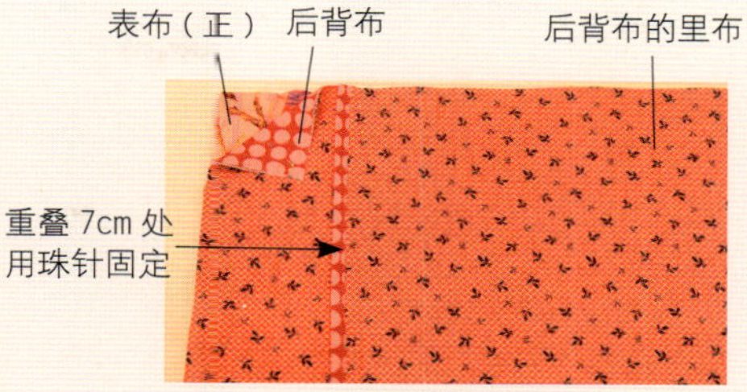

14 步骤 10 的前片与步骤 13 的后背布正面相对。

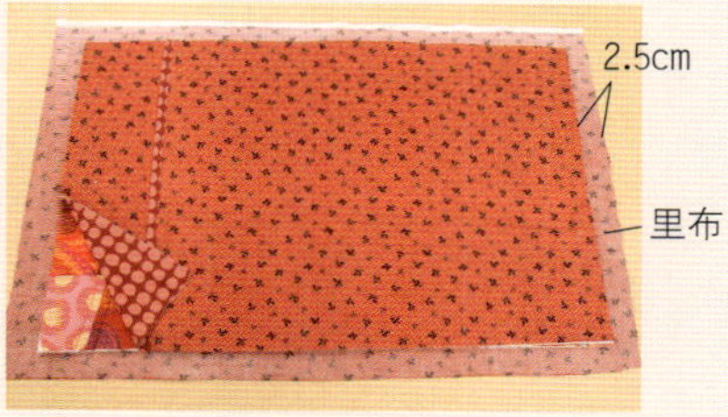

15 如图最底层再放上一片里布（布的正面朝下，四周尺寸需多 2.5cm）。

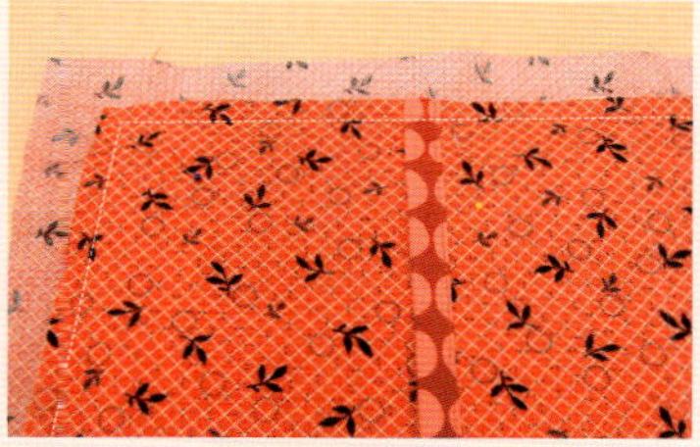

16 四周压缝 1 cm 固定。

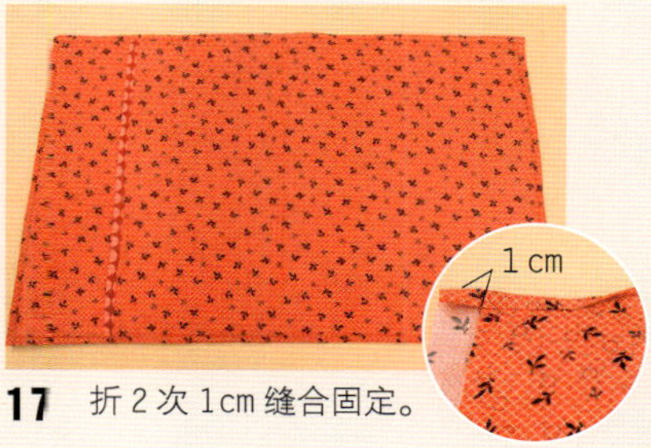

17 折 2 次 1cm 缝合固定。

18 从后背布重叠 7cm 处翻至正面即完成。

How to make ★★

P.32 花游恋绣洋装

教学示范／魏廷伃老师、简雪丽老师
文字／简子杰　摄影／Milk　美术设计／韩欣恬

材料

素色麻布 45cm×55cm
点点图案麻布 210cm
红色刺绣图案布 45cm
洋裁衬 30cm
描图纸 45cm×55cm
DMC 绣线（816、817）
扣子 1 颗

完成尺寸：约103cm×92cm

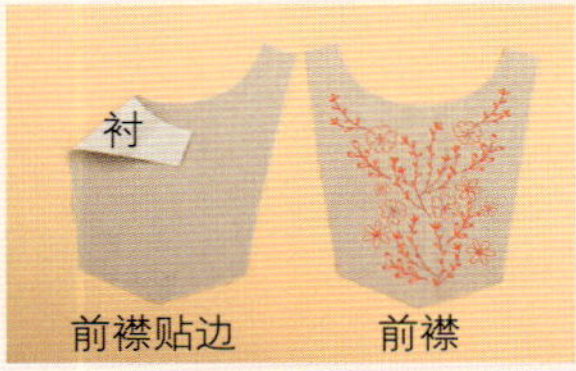

1 在描图纸上车缝出刺绣图案。将描图纸放在烫好洋裁衬的素麻布上，疏缝固定。待刺绣完成，再取下描图纸。

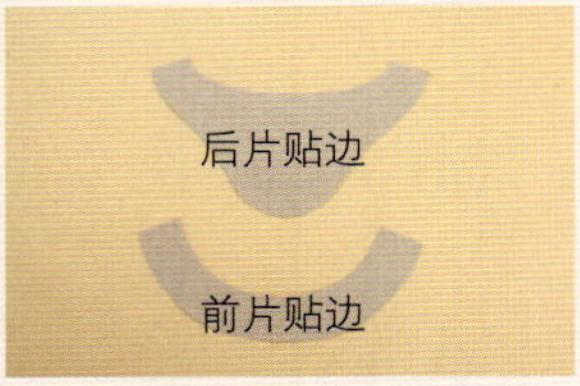

2 以原尺寸图裁出袖子用布（点点图案麻布 2 片）、前片贴边（素麻布烫衬）1 片、后片贴边（素麻布烫衬）1 片、前襟（步骤 1 完成的素麻布烫衬）1 片、前襟贴边（素麻布烫衬）1 片、前（后）片下摆（红色刺绣图案布）各 1 片、袖缘用布（红色刺绣图案布）2 片、后片（点点图案麻布）1 片、前片（点点图案麻布）1 片。

3 前、后片分别与下摆接合并拷克，缝份倒向前（后）片。

4 袖子与袖缘接合并拷克，缝份倒向袖子，相同方法完成 2 只袖子。

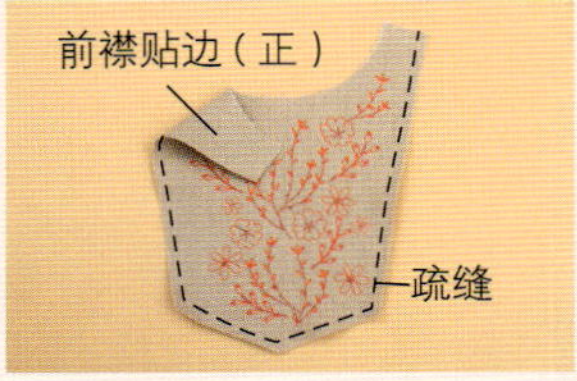

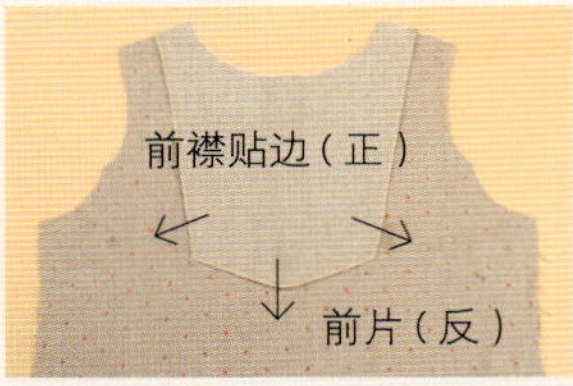

5 前襟与前襟贴边反面对反面疏缝固定，再与前片接合并拷克，缝份倒向前片。

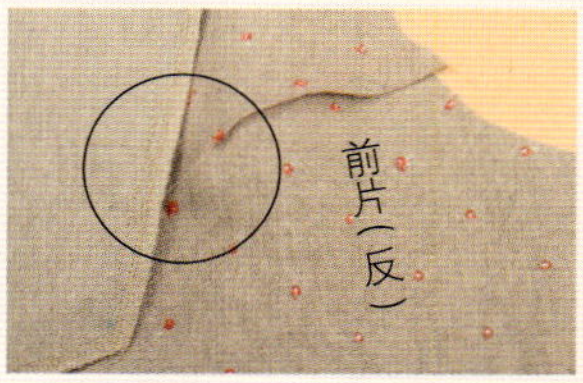

6 依原尺寸图位置车合前片两侧的胸线，线头须留长一点打结，防止脱线。

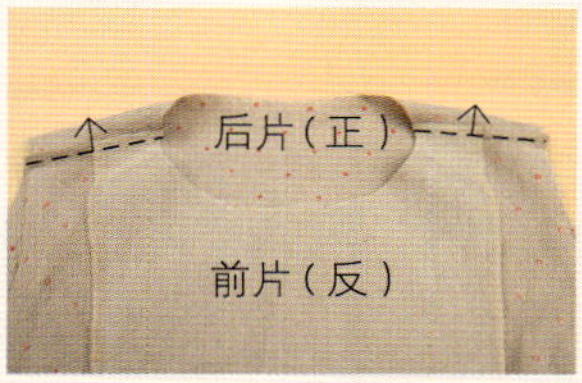

7 前片与后片正面对正面接合肩线并拷克，缝份倒向后片。

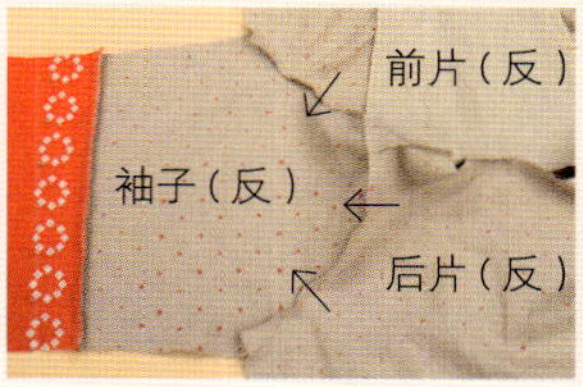

8 将袖子的上缘与前、后片接合并拷克，缝份倒向袖子，相同方法完成另一侧的袖子。

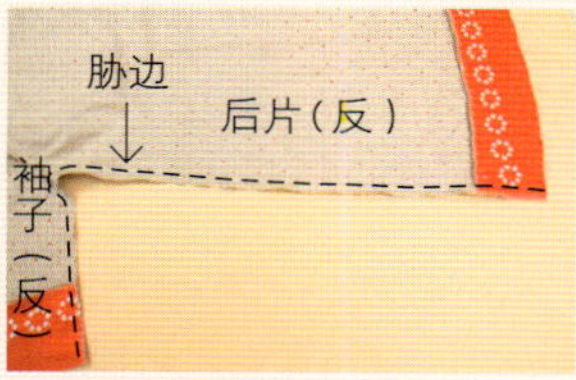

9 接合前片、后片以及袖子的下缘（正面对正面）并拷克，相同方法完成洋装的两肋边。

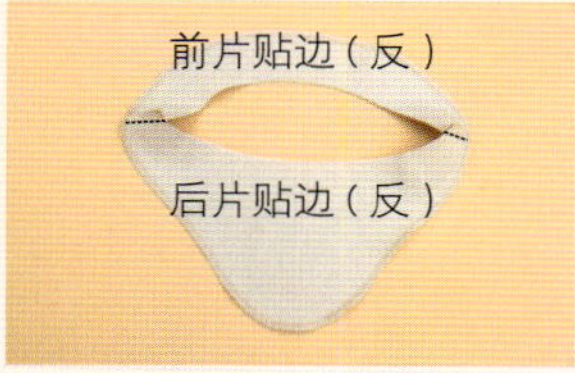

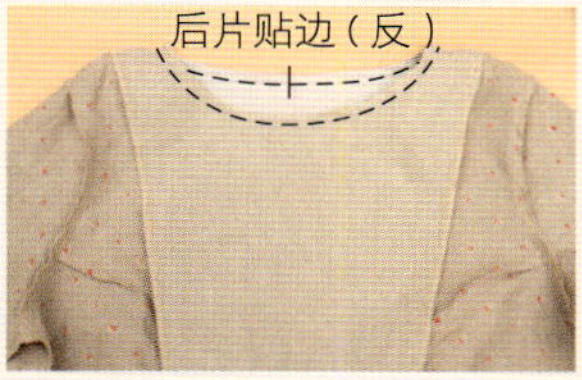

10 将前片贴边与后片贴边的下缘分别拷克，再正面对正面接合，放进洋装的领口，与前、后片正面对正面缝合一圈。

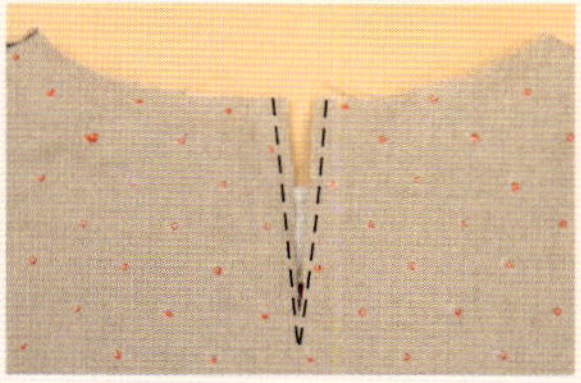

11 依原尺寸图位置于后片车缝两道线，再将两道线的中间剪开。

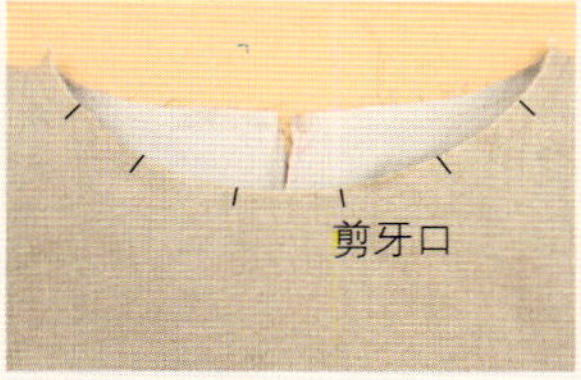

12 前片的领口剪出牙口。

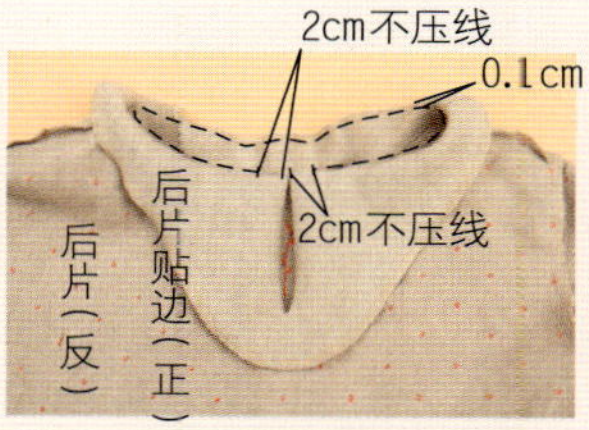

13 将贴边翻到正面，于边缘处压缝一道0.1cm的线。

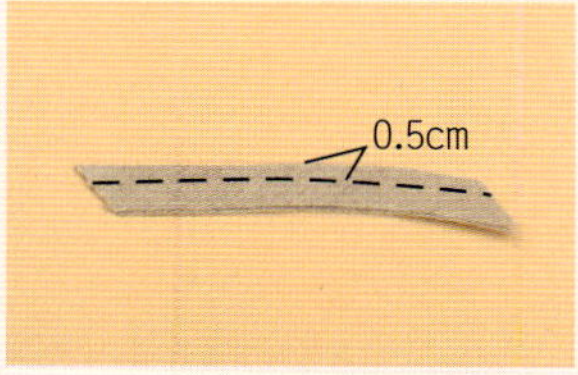

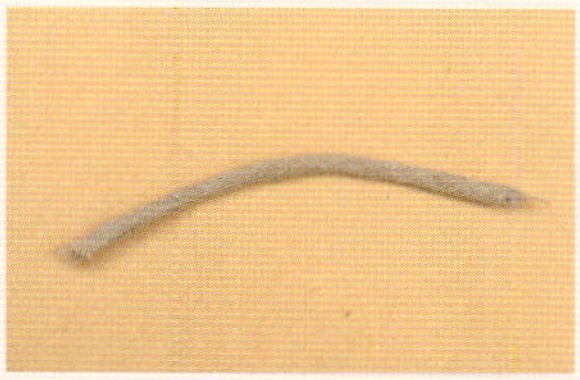

14 裁一片3cm×6cm的素麻布（斜布纹），正面对正面车出一道0.5cm的线，再用返里针翻至正面，完成扣子用布条。

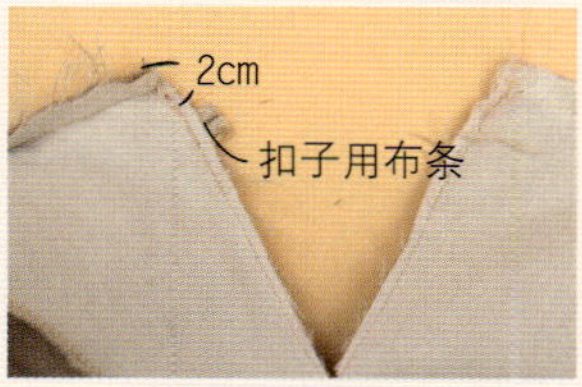

15 再将贴边翻至反面，于后片的左侧上缘下2cm处夹入扣子用布条并缝合固定。

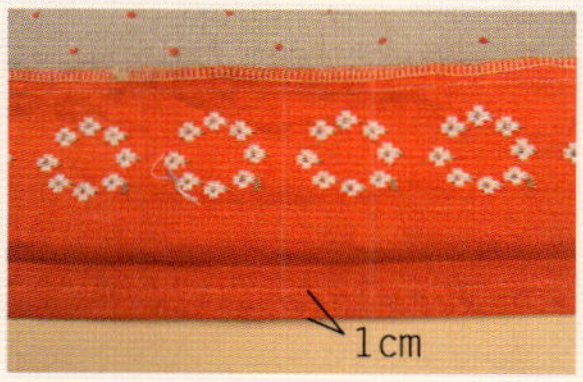

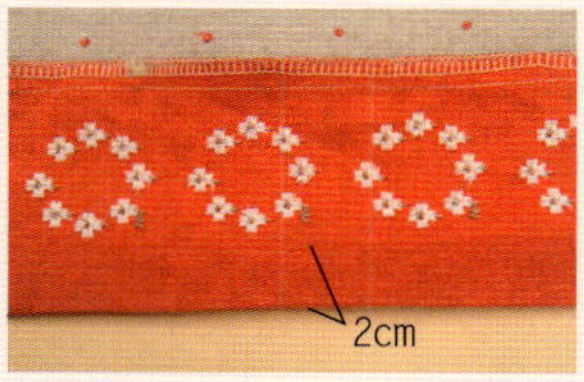

16 下摆先烫折1cm，再烫折2cm后，车缝一道0.1cm的固定线（前、后片的下摆以及袖缘相同方法完成）。

17 翻至正面，于后片领口处的右侧缝上扣子。

18 完成图。

How to make ★★★

P.30 橘子果汁化妆包

教学示范 / 郭铃音老师
文字 / Milk　摄影 / J.J　美术设计 / Celina

完成尺寸：约 7.5cm × 24cm × 6.5cm

材料

点点表布 36cm × 13cm
图案布 36cm × 13cm
双胶棉、里布各 36cm × 26cm
包边条 4cm × 25.5cm 2 条
包边条 4cm × 12cm 2 条
拉链 20cm
羊毛毡（白色、黄色、橙色）各少许
羊毛毡戳戳乐工具组

1 依尺寸裁好表布 36cm × 13cm、图案布 36cm × 13cm，拼接完成后烫上铺棉。

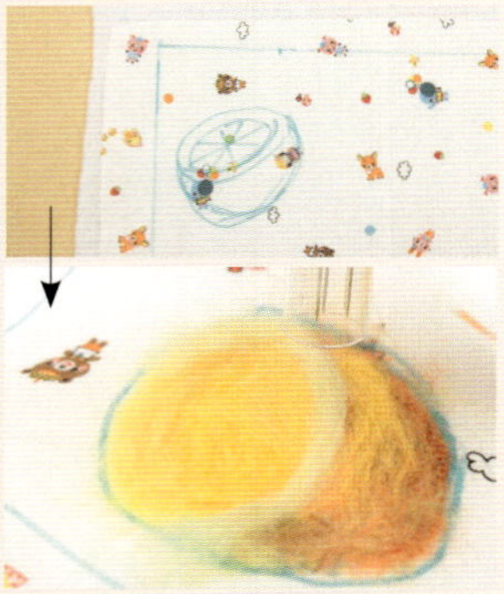

2 依纸型在表布车上橘子图案，使用 4 根戳针，依照羊毛颜色由深至浅（深咖啡色→鲜黄色→浅黄色）一层一层戳刺上去。

◎羊毛毡小知识：
戳刺时，手必须以垂直方式进行，以湿毡方式（蘸一点点水）制作更佳。

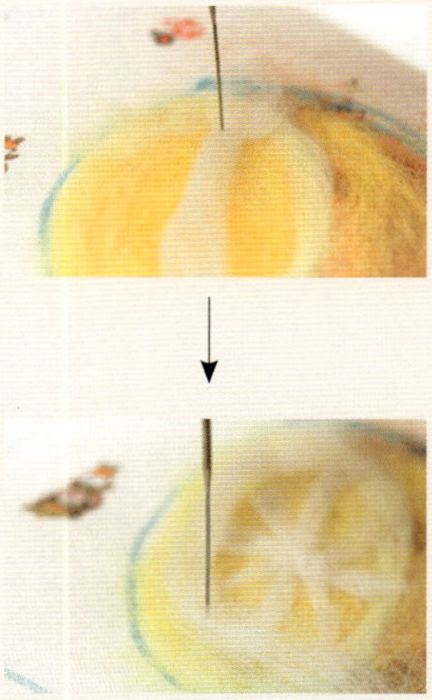

3 换成 1 根戳针，再铺上白色羊毛戳出果肉的感觉。

4 图案完成后，翻至背面修剪多余的羊毛即完成。

5 加上里布，中间压缝一道固定线，左右两侧包上滚边。
※ 滚边条尺寸：4cm × 25.5cm

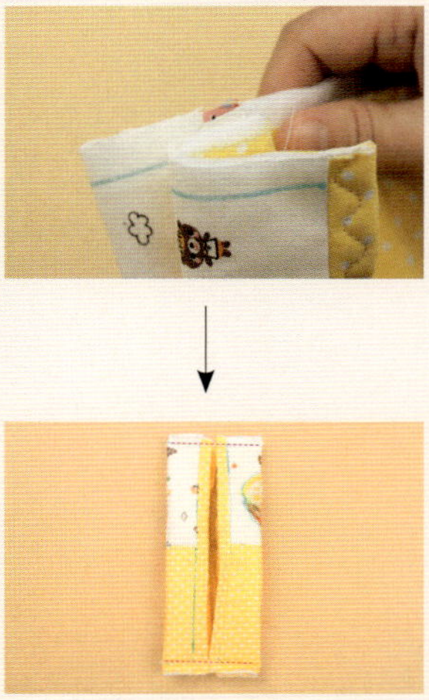

6 找出袋身的中心点，用消失笔做出记号再用手分成 4 等份，如图上、下各车缝一道固定线，修剪掉多余的棉。

7 上下两端再包上滚边（尺寸：4cm × 12cm），并将下端倒向后面，6cm 处立针缝合，使袋形呈果汁利乐包状。

8 藏针缝上 20cm 拉链即完成。

How to make ★★

P.6

红刺绣小龙呆毛巾挂环

教学示范／林诗龄老师、吴志玲老师、吴美玲老师、王梅珍老师
文字／简子杰　摄影／Milk　美术设计／Celina

完成尺寸：15cm×7cm

材 料

压克力材质毛巾挂环、花布 2 色（表布、里布）
铺棉、刺绣布、7mm 缎带 2 色
4mm 渐层缎带 1 色、绣线 2 色

基础刺绣方法请自由发挥
或参考 P.72

1 依原尺寸图外加缝份裁下表布与里布各 2 片，吊耳布裁 20cm×3.5cm。

2 使用水消笔在刺绣布上画出图案，再用 2 股红色绣线以回针绣完成图案轮廓，结粒绣完成眼睛及龙脸上的小点点。

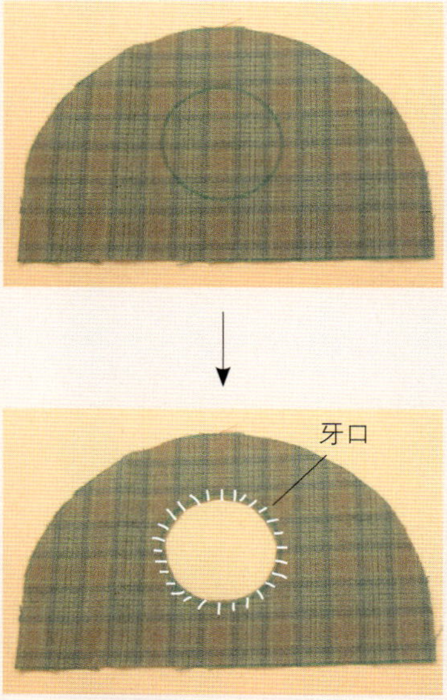

3 用水消笔在表布依原尺寸图的位置车出一个圆形，再沿着圆形内 0.5cm 剪下，并在四周剪出小牙口。

4 将刺绣完成的布取合适位置放在裁好圆形的表布下，并疏缝固定，再以内贴布缝的方式缝合，完成如图。

野玫瑰绣法

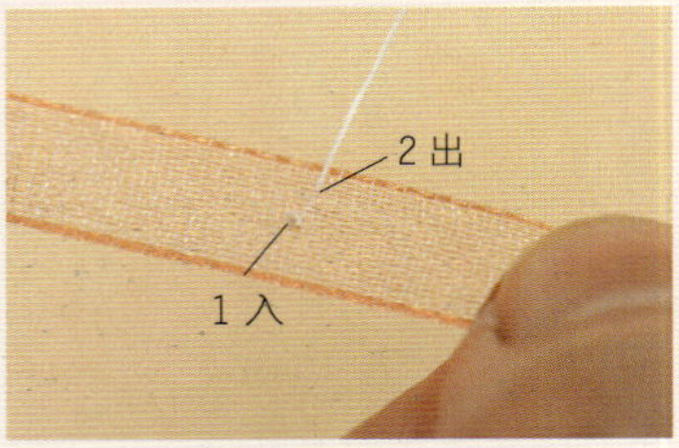

5 取约12cm长的缎带，于中央入针，如图穿出线。

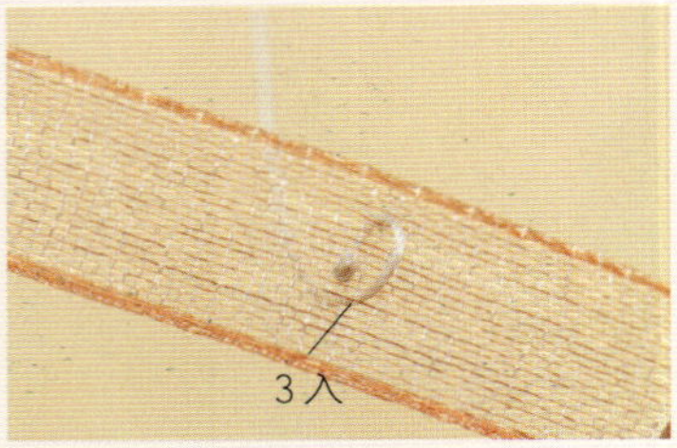

6 再如图入针。

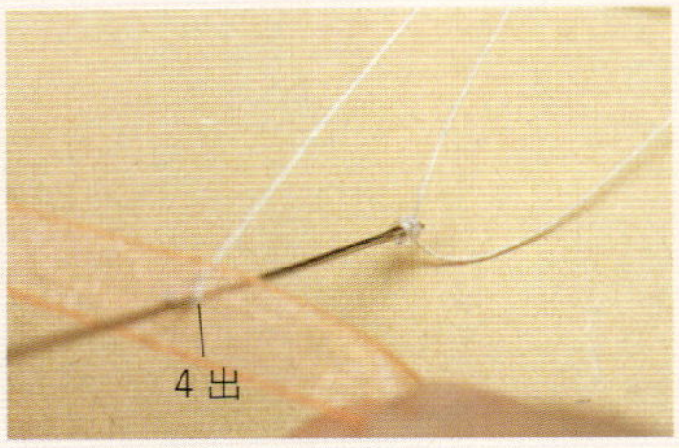

7 将针穿入珠子，再穿回原出针处，拉紧。

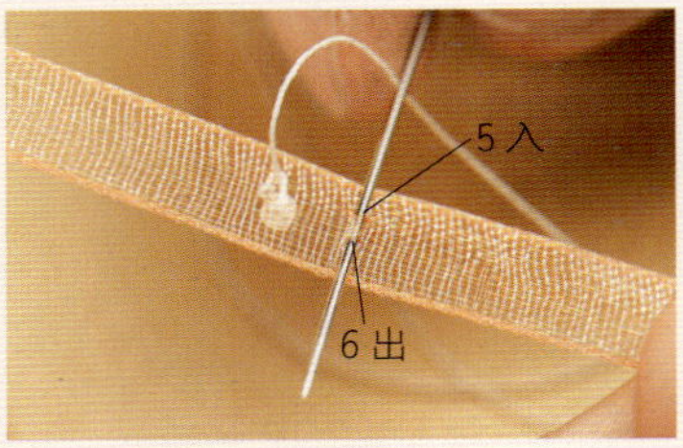

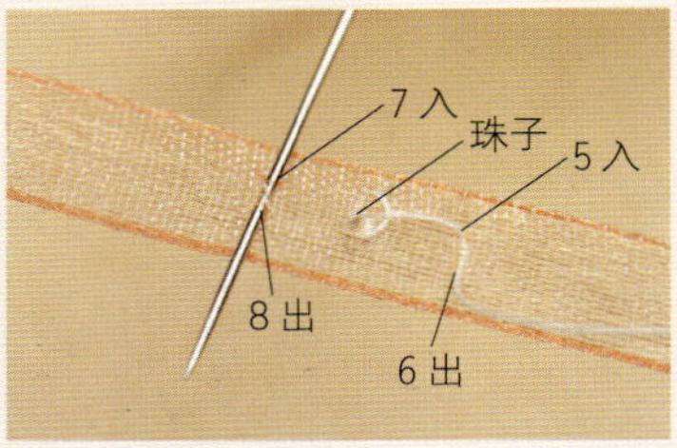

8 接着以一右、一左的顺序刺绣如图，两边各绣入6针。

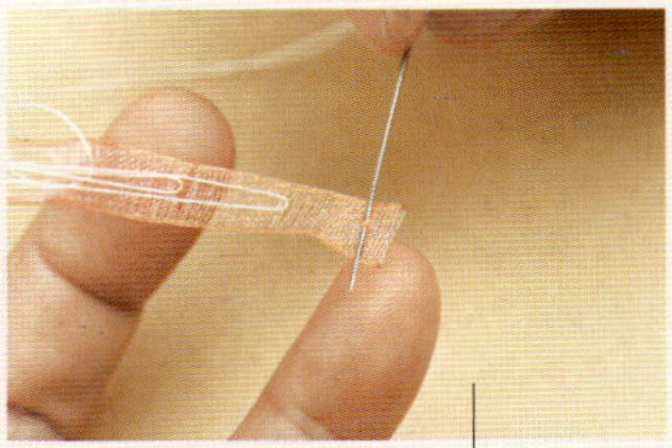

9 倒数第二针，将一端的缎带向内折再绣入，最后一针则在另一端也向内折再入针。

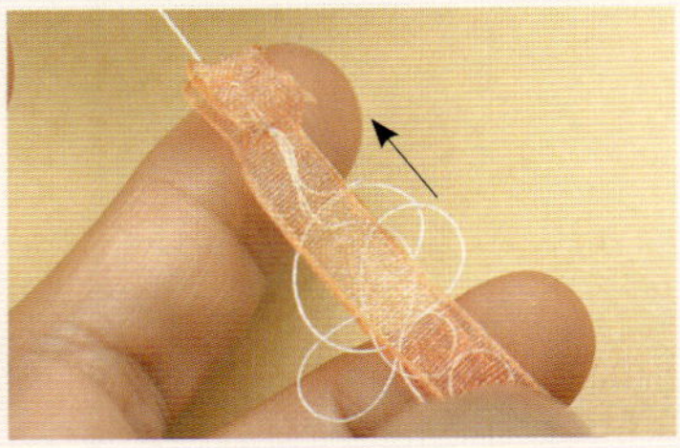

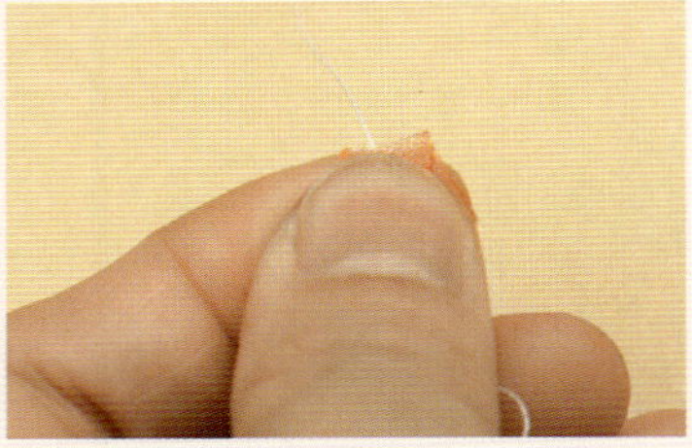

10 用手指固定着缎带，再慢慢抽线拉紧，即完成野玫瑰。

11 将完成的野玫瑰依个人喜好位置缝于表布。

花苞结粒结

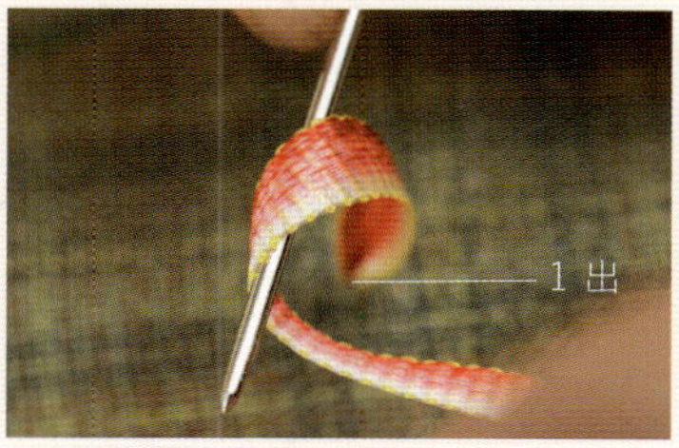

12 取一双色缎带，从背面出针，再绕针一圈，于原出针处旁入针。

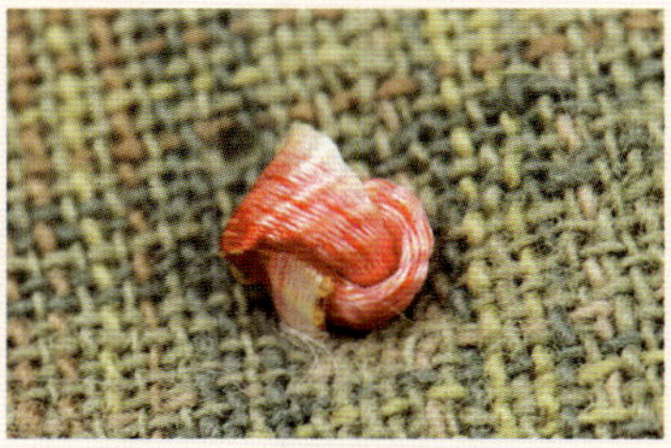

13 入针后，先将缎带顺一顺，再慢慢拉紧（不需拉太紧），即完成结粒结。

14 表布加上铺棉完成刺绣后，与里布车缝一圈（正面对正面），留返口约 4cm，再修剪缝份的铺棉。

15 翻至正面，缝合返口，即完成前片（茎：轮廓绣，叶子：锁链绣）。

16 后片相同方法完成。

17 前片与后片（表布对表布）卷针缝合，中央留约 3.5cm 不缝合。

吊耳制作

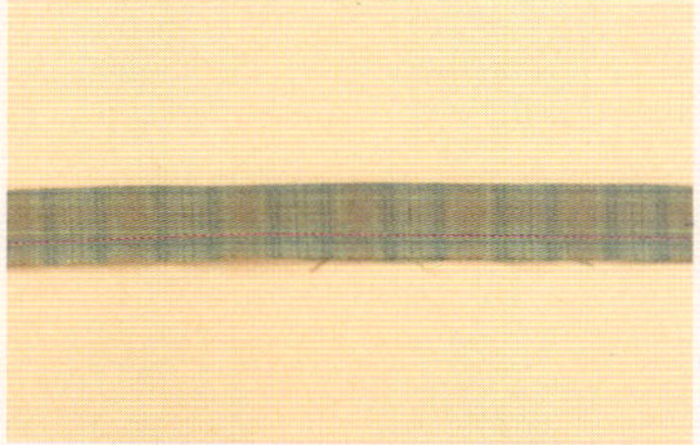

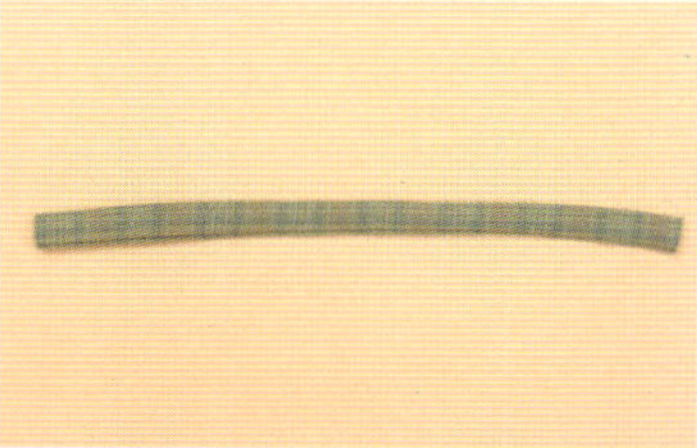

18 将吊耳布对折（正面对正面）车缝一道固定线，再翻至正面。

19 吊耳布对折，缝合固定于毛巾挂环，再穿入步骤 17 预留的 3.5cm 不缝合处。

20 完成。

小花圆舞曲胸针

踮着脚尖转圈圈，
转成一朵朵的小花，
谱出俏皮轻快的圆舞曲。

协助教学、制作、图案提供 /
户塚刺绣协会台北支部 福本晓代老师
作品欣赏提供 / 黄玲瑜老师
情境摄影 / C.CH　教学摄影 / J.J.
情境文字 / 简子杰　做法文字 / Magi
美术设计 / Maddy、林巧佳
做法绘图 / 李月椿
完成尺寸：直径约6.7cm

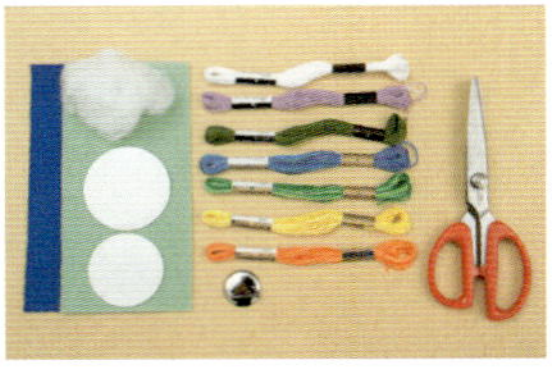

材料

不织布2色各约10cm×20cm、刺绣针、铅笔(笔芯较软，如：6B)、各色彩色绣线(颜色依个人喜好)、别针座、纸型2张(a：直径6.7cm的圆形，b：直径5.7cm的圆形)、锯齿剪刀

刺绣前

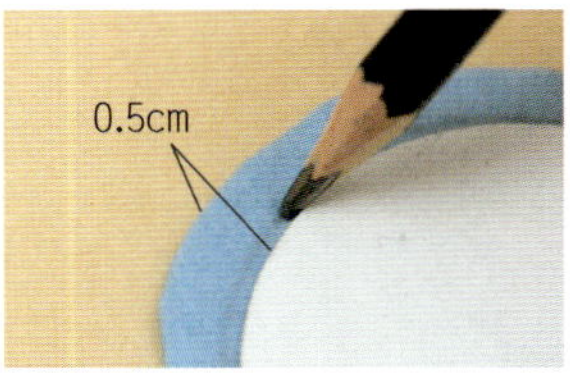

1 前片：将b纸型放在浅色不织布上，用铅笔描出轮廓(依记号线外约0.5cm剪下)。

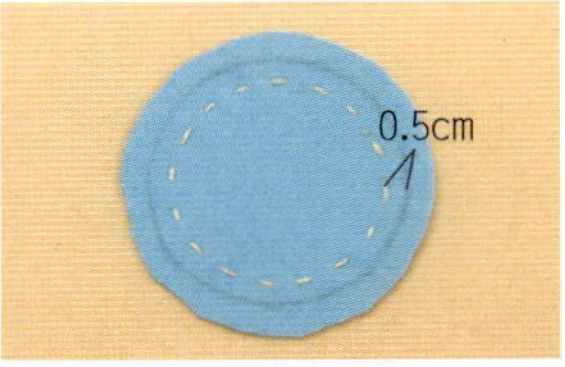

2 记号线内约0.5cm，如图用绣线(3条)缝合一圈(大针距平针绣一圈)。

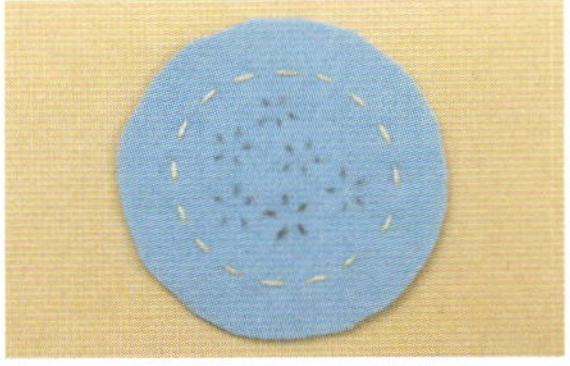

3 翻至不织布的反面，如图用铅笔画出欲刺绣的线条。

作品欣赏

杯垫

喝茶读书生活，
与刺绣在一起，
优雅而浪漫。

作品尺寸：约11cm×10cm

作品欣赏

书套

作品尺寸：约16cm×21.5cm

HOW TO MAKE

A花和叶子(平面结绣＋雏菊绣)

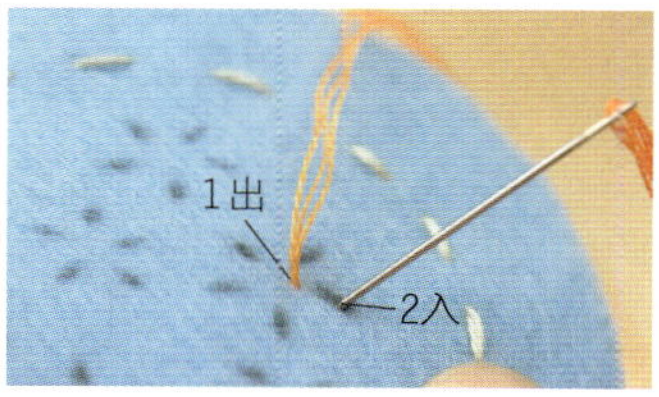

1 绣线(3条)如图绣出。

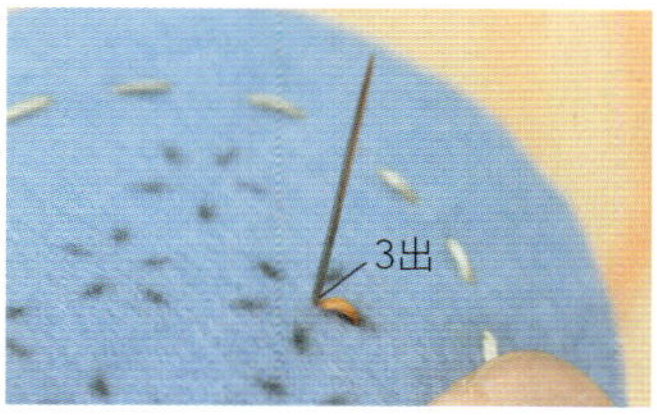

2 1出的左侧处3出。

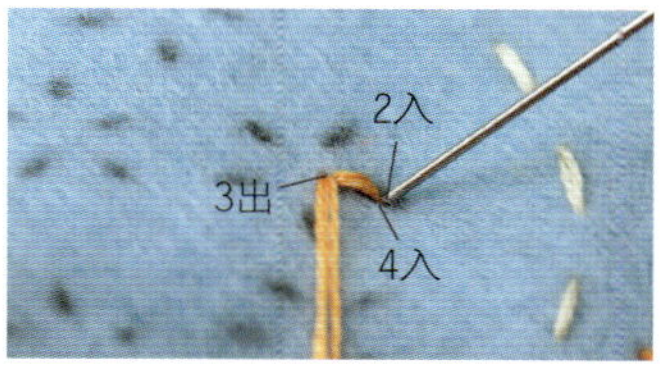

3 2入的左侧处4入。

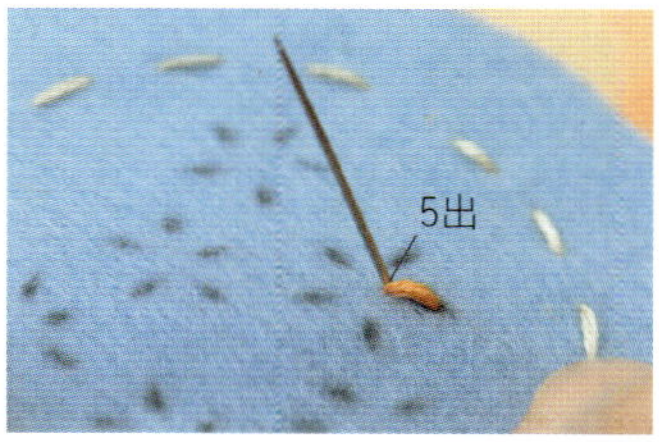

4 1出的右侧处5出。

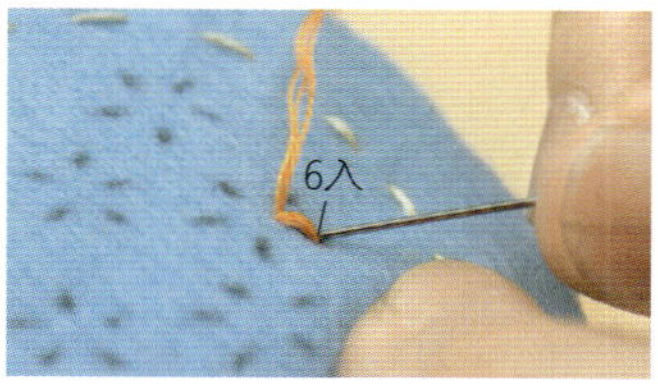

5 2入的右侧处6入，完成一个花瓣。

6 重覆步骤1～5完成其他4个花瓣。

7 花瓣外围再绣上雏菊绣。

8 叶子也用雏菊绣方法完成，刺绣3入时可使其略长一些。

雏菊绣

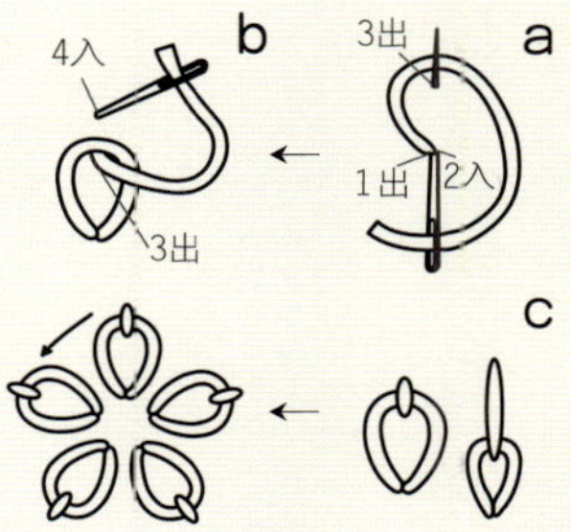

平面结绣

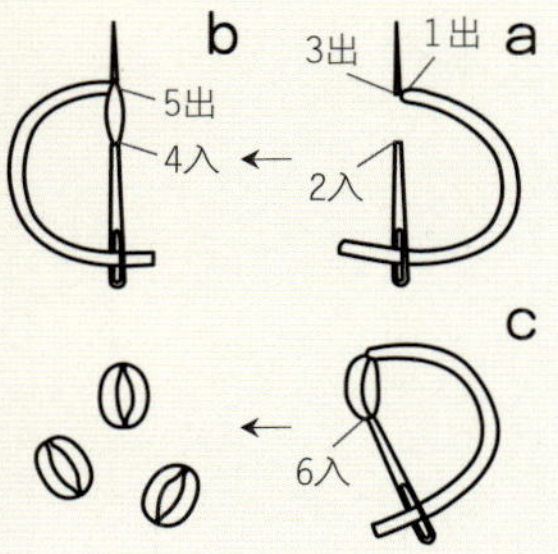

花蕊(法国结粒绣)

依下方示范图示拉好线，于原出针处再穿入针，即完成。

B花(三角德国结绣)

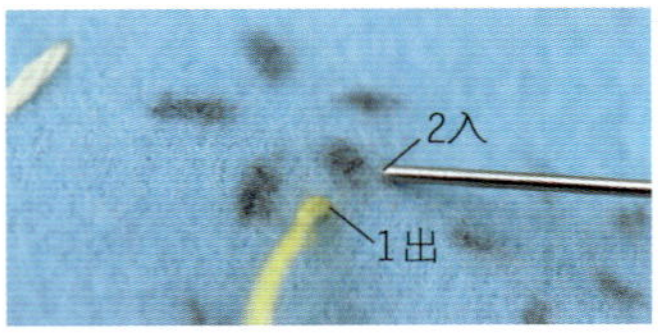

1 如图1出→往右侧2入。

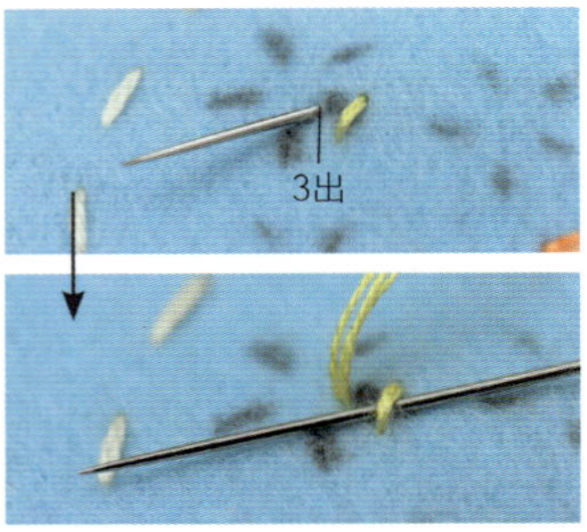

2 正上方与1出的中心点处→3出，并如图将针穿入步骤1的线内。

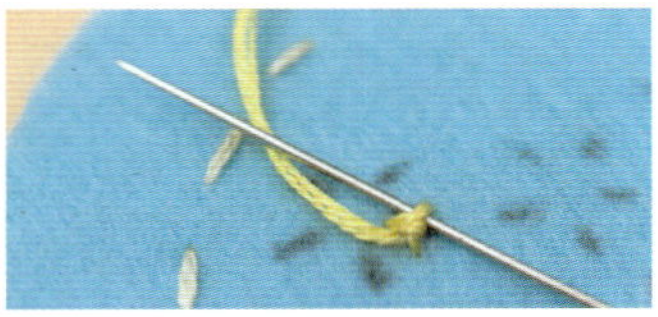

3 针靠近2入处并再一次绕入线内，拉紧线(此时线需在针的下方)。

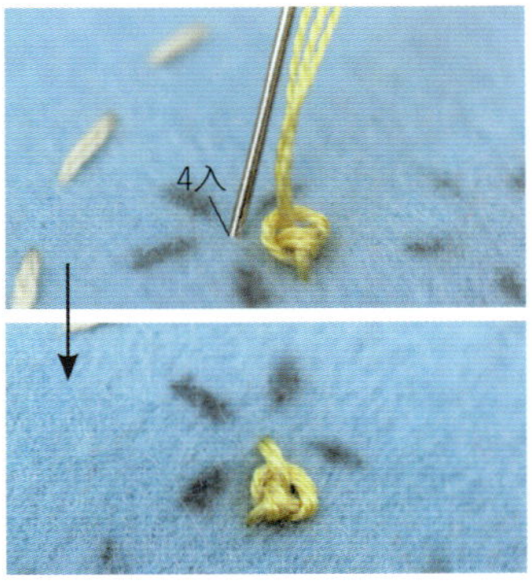

4 正上方处4入，即完成三角德国结绣。

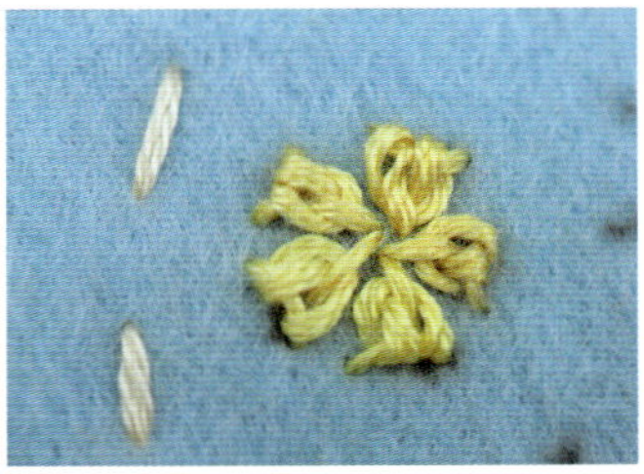

5 同步骤1～4完成其他4个花瓣。

花朵完成后，可如图于较空之处随意绣上几个三角德国结绣，使其更丰富。

花苞(展开性雏菊绣＋直线绣)

1 于单独的三角德国结绣，1出→右侧处2入→正前方3出(中间隔着三角德国结绣，线要放在针下方)。

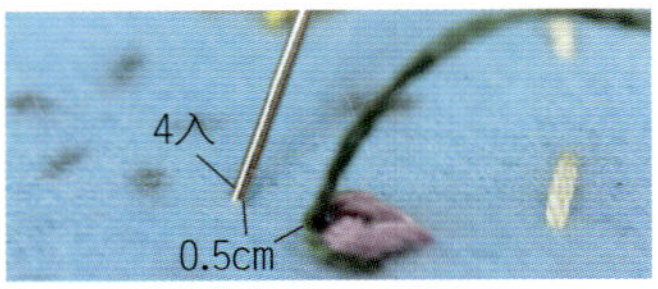

2 在离3出前约0.5cm处4入。

3 4入当成花梗。

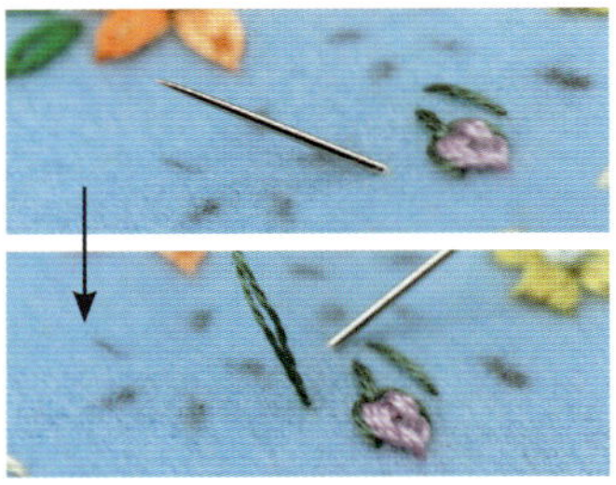

4 再左、右绣2针直线绣当叶子。

5 完成。

法国结粒绣

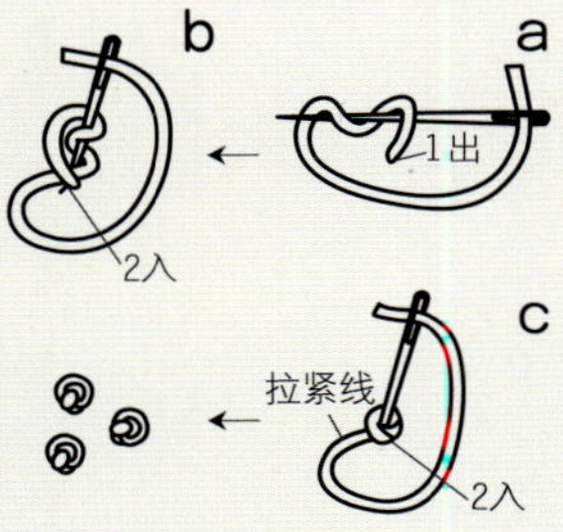

三角德国结绣

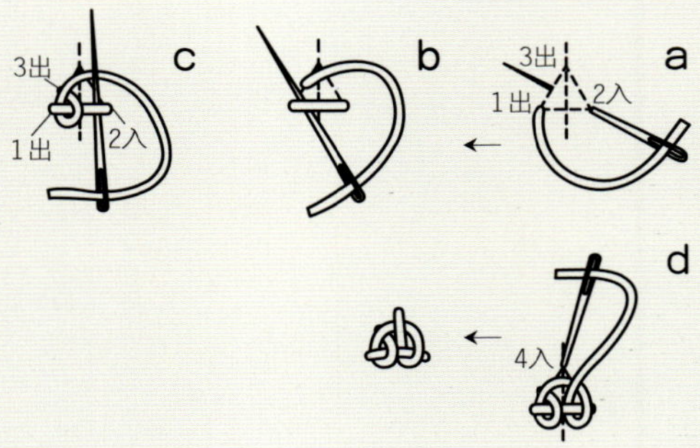

别针制作

1 完成刺绣装饰后，拆掉在刺绣前所绣的一圈绣线，并依反面的铅笔记号用锯齿剪刀裁剪成直径约5.7cm的圆形。

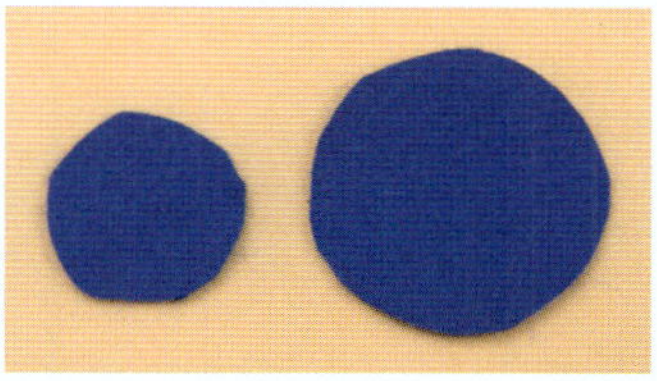

2 用深色的不织布裁剪与别针的底座大小相同的圆(直径3cm)，再裁剪一个直径约4cm的不织布。

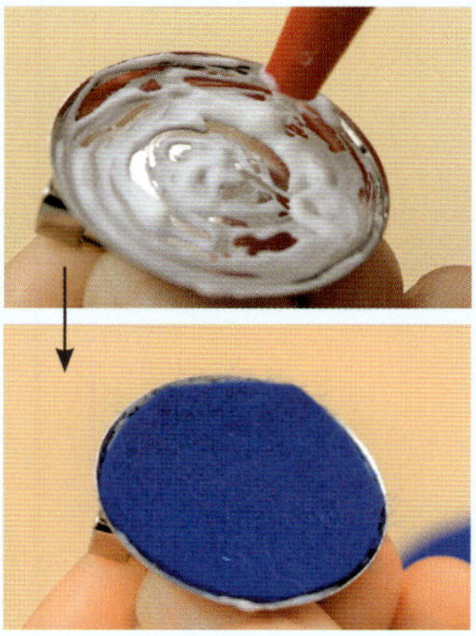

3 别针底座的反面涂上白胶，再将与步骤2大小相同的不织布粘上。

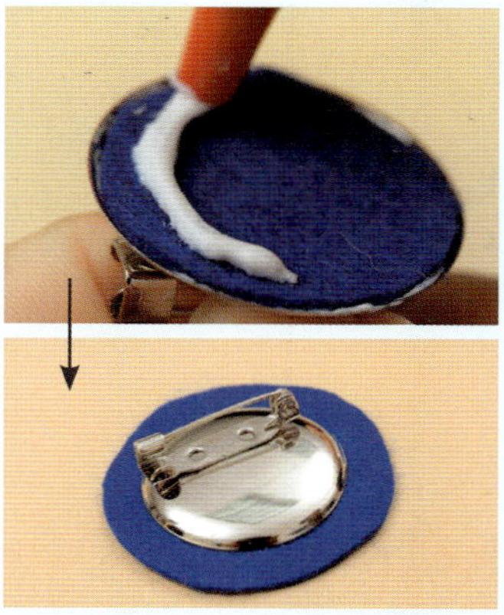

4 再涂上白胶，粘上步骤2的直径约4cm的不织布。

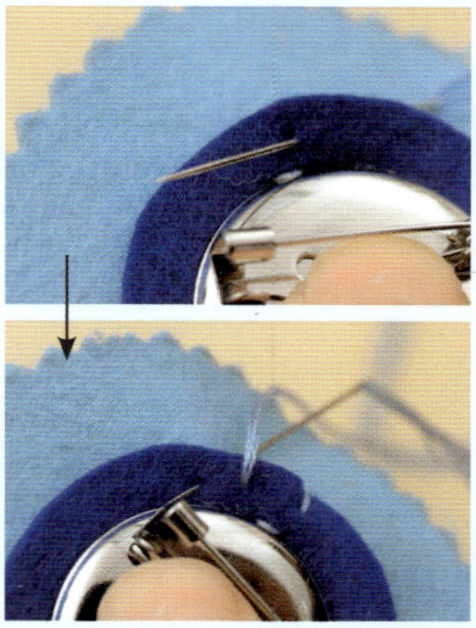

5 等白胶干了之后，再与后片不织布(直径约6.7cm)相叠，如图针穿入绣线后，将别针底座缝合固定。

6 完成。
※缝合固定时可多缝几圈，不用打结，最后将线头藏于2片不织布的中间即可。
※为了让读者清楚了解，此步骤示范使用浅色不织布。

7 完成刺绣的前片与步骤6的后片，用同前片不织布颜色的绣线，用大针距的平针绣缝合固定。

8 缝合剩下宽约4cm时先停止缝合，塞入些填充棉使其有蓬松感。

9 继续缝合即完成。

个人风

手作饰品

做法摄影/Milk
设计、制作/台湾喜佳(股)公司 Biffi
美术设计/台湾喜佳(股)公司

情境摄影/詹建华

运用简单的UV水晶胶与UV光机器就可以完成独一无二的饰品
搜集手边的小配件或照片让UV胶封存你美好的记忆。

材料准备

- 专用透明图案纸、五金底台配件、蕾丝、皮绳

- UV水晶胶与UV光机器

吊饰制作

1 依五金底台尺寸，取下喜爱的图稿作为底纸。

2 于底台挤上少许UV水晶胶粘着底纸。

3 粘贴完成后的底台，多了纸张质感。

4 取下专用透明图案纸上喜爱的图案。

5 将透明图案与喜爱的五金配件以步骤 2 之方法固定于底台上。

6 于底台挤上UV水晶胶。

Point 1.UV水晶胶使用多少可依个人喜好建议包覆五金配件较佳。
2.过程中若产生气泡可用牙签将其去除。

7 抽出UV机托盘，将完成的作品放置于其上，并推入进行硬化。

Point 1.使用UV机硬化时间约2~3分钟。亦可放置于太阳下硬化，时间需半天至1天(硬化时间受气候影响)。

8 完成硬化后的作品加上喜爱的配件，即成了华丽风吊饰。

项链制作

1 依相同做法完成另一款底台。

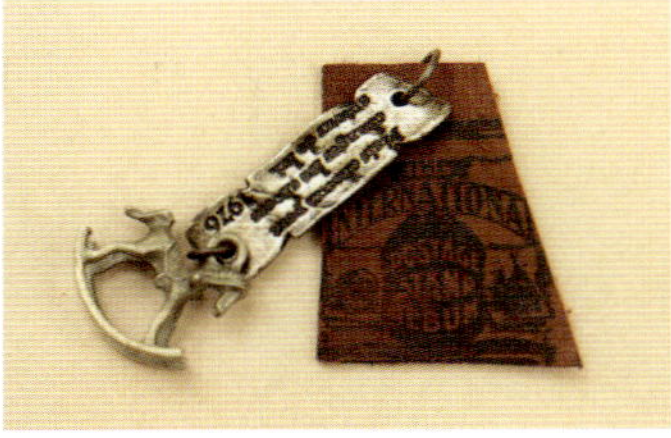
2 取喜爱的配件以C形环连接组合。

3 将配件与底台作品结合，并穿上皮绳，即完成古典风格项链。

粉嫩小Q兔 长夹

牵着爸爸买的气球，
带上妈妈做的便当，
小Q兔的春天郊游日，
都是幸福洋溢的味道。

作品设计、制作、提供、示范教学 / 陈莉雯老师
情境摄影 / C.CH　教学摄影 / J.J
文字 / Anhouse　美术设计 / Chaco
提袋设计、制作 / 颜淑媛老师

Back!

■完成尺寸：约20.5cm×10.5cm

Open!

■完成尺寸：约20.5cm×20cm(打开)

材料

HOBBYRA　HOBBYRE
- 图案布A（表布）30cm
- 图案布B（里布）（夹层布）约45cm
- 细格子布（滚边布）约15cm
- 单胶铺棉
- 厚布衬
- 超薄布衬
- 拉链15cm
- 贝壳扣1颗

HOW TO MAKE

尺寸皆已含缝份

做法

1 裁拉链挡布：5cm×2.5cm4片（反面烫上超薄布衬）。

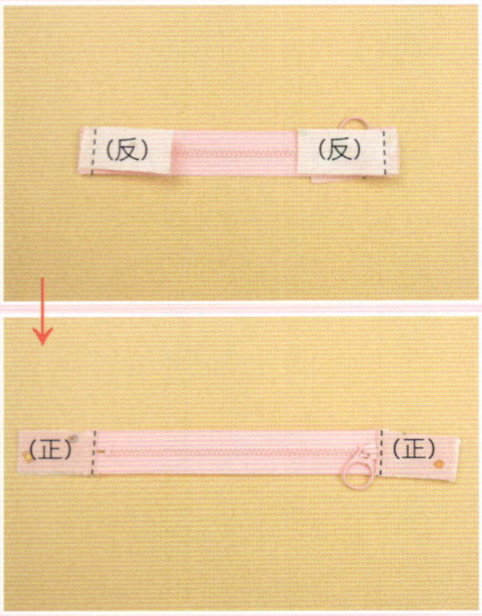

2 如图将拉链挡布与拉链正面对正面车缝，翻至正面后再压一道固定线。

3 裁拉链布A：20cm×18cm1片（反面烫上超薄布衬）、拉链布B：20cm×10cm 2片（不需烫衬）。

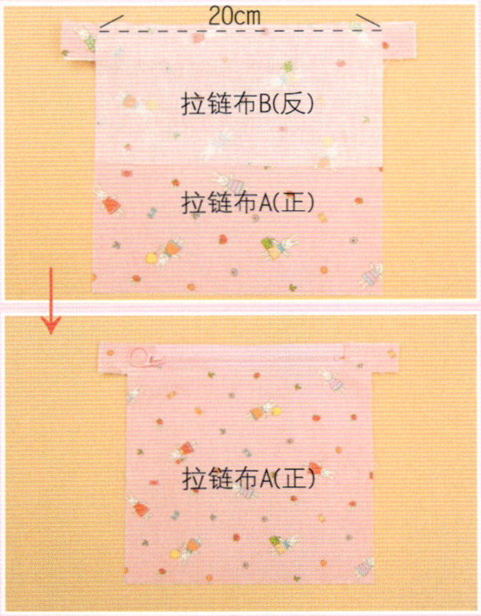

4 如图将拉链布A与拉链布B夹车拉链固定(拉链正面需朝上)，另一侧相同做法。

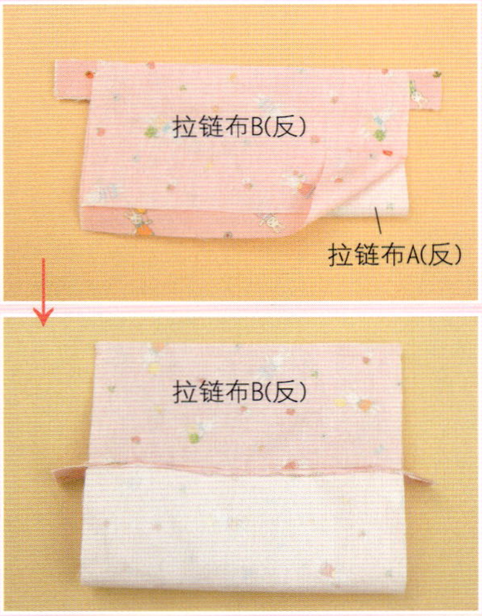

5 将2片拉链布B底部缝合固定。

6 从拉链开口处翻至正面，将拉链挡布修齐。

7 裁口袋夹层布20cm×36cm(反面烫衬)，依图示尺寸用水消笔画好记号。

【口袋夹层示意图】

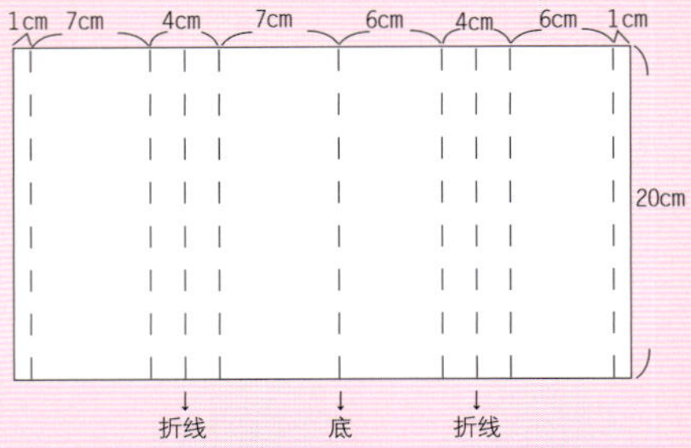

8 口袋夹层布从正面往后折，左、右各压一道装饰线，上图★记号处翻至反面，上方1cm处缝合。

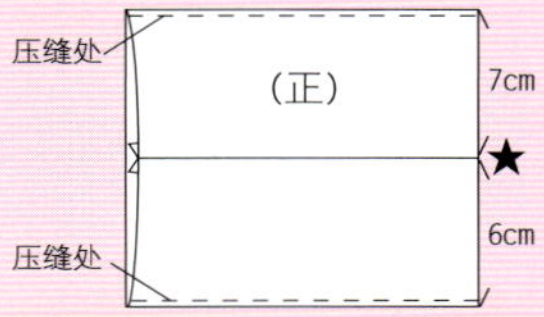

9 翻回正面，依底线记号往上折。

10 侧边布18cm×4.5cm2片，半边烫衬即可。

11 正面折双处车缝一道装饰线，翻至反面，于缝份1cm处车合。再翻至正面，于对折中心处车一道装饰线。另一片相同做法完成。

12 裁表布20cm×29cm反面烫上单胶铺棉。里布与表布尺寸相同，反面烫上超薄布衬。

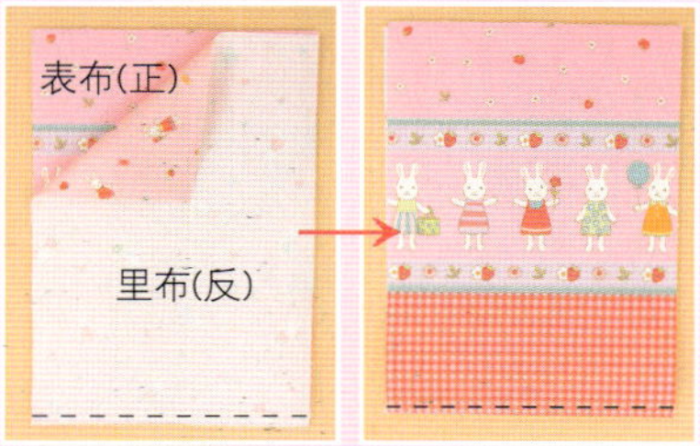

13 表布与里布正面对正面，于下方1cm处缝合，翻回正面后再压缝一道装饰线。

14 将步骤6放上后，与完成的步骤11侧边布一起车缝固定于里布。

15 再将步骤9放于步骤14下方2.5cm的位置，左、右疏缝固定，从正面中心处压缝一道夹层分隔线。

16 将袋盖的两侧修出直径3cm的圆弧。

17 裁滚边布3.5cm×85cm，沿着正面先车缝一圈。

18 再往内折入并与侧边布疏缝固定。

19 将滚边的另一侧以藏针缝缝合固定。

20 袋盖中心处打入贝壳扣即完成。

完成图

蓝海星空 工具置物袋

将星星、条纹、点点等经典图案，
融合成美式乡村风的可爱置物袋。
用清爽的蓝、活泼的红、明亮的白，
微笑着迎接四五月的春天早晨吧！

示范教学／隆德贸易有限公司 苏怡绫老师
情境摄影／萧维刚
教学摄影／Milk
情境文字／Anjing
做法文字／Nanami
美术设计／韩欣恬

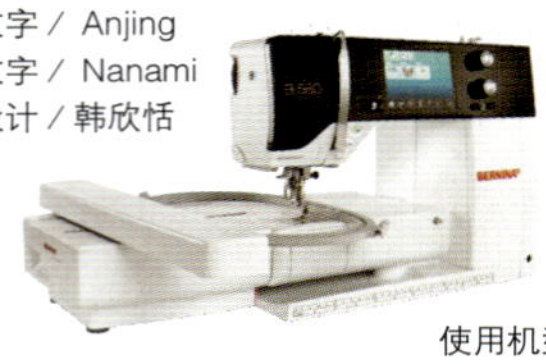

使用机型：BERNINA B580

材料
帆布60cm
上口袋布3片各30cm
下口袋布1片60cm
红色图案布
铺棉
蕾丝60cm
布衬
铆钉扣(直径1.5cm)2组
奇异衬

HOW TO MAKE

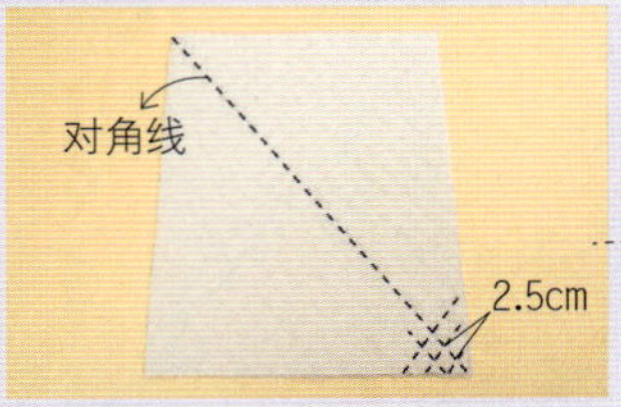

1. 帆布裁 40cm×50cm，后面加铺棉，使用均匀送布齿压缝 2.5cm 菱形格子（尺寸皆已含缝份）。

2. 上口袋布：左右 2 片各裁成 24cm×15cm、中间片裁 25cm×15cm。

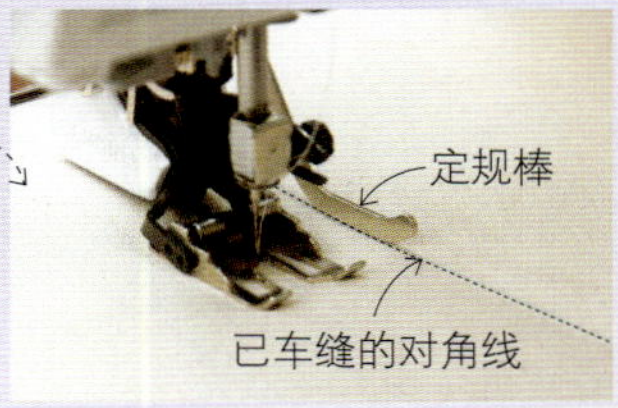

※ 车缝小技巧：
使用均匀送布齿压缝时可先车缝一条对角线，要车缝第二条线时将定规棒放在刚刚车缝好的对角线上，这样可以不用再画线，轻松压出等距离的线（要使用定规棒压线时可以先调整所要的宽度）。

3. 剪下星星图案，反面烫上奇异衬，再如图撕开保护贴。

4. 用熨斗烫贴于口袋布上装饰。

5. 选择 2 号花盘（用 20 号压布脚），车缝固定星星图案布。

HOW TO MAKE

在车缝星星图案至尖角处时，针需如图停留在外侧（◎记号），然后将布转方向后再继续车缝。若是靠近中心处（●记号）则针需停留在内侧，同样将布转方向后才继续车缝，记住这些小技巧就可以车缝得很漂亮喔！

6. 星星贴布缝完成。

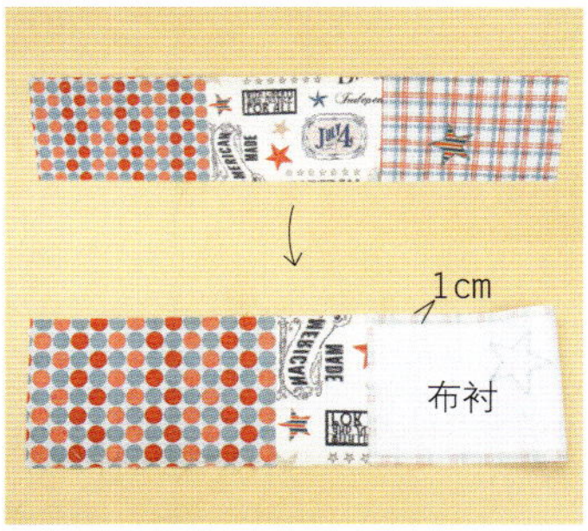

7. 将口袋布拼接成一长条，反面烫上比四周都小 1cm 的布衬。

8. 裁剪一片同步骤 7 尺寸的里布，如图布的正面相对，车缝上、下侧。

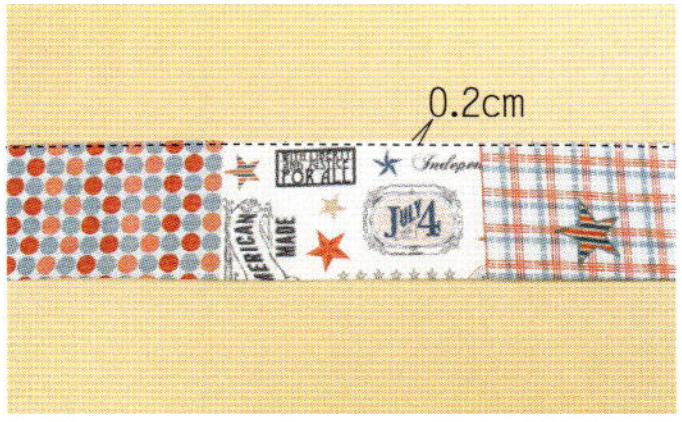

9. 从左或右侧的未缝合处翻至正面，上方 0.2cm 处压缝一道固定线。

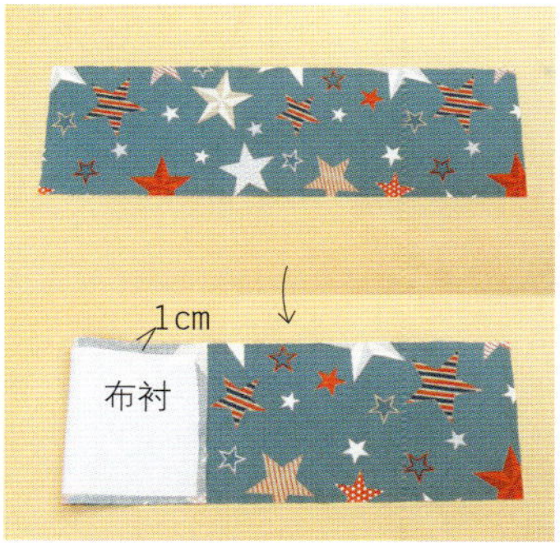

10. 下片口袋布裁 60cm×17cm，如同步骤 7 反面烫上布衬。

11. 翻至正面，车缝上蕾丝装饰。

12. 同步骤 8、9 的方法完成下片口袋布。

13. 荷叶边：红色图案布 2 片（尺寸约 40cm×10cm），2 片布的正面相对，用直径 8cm 的半圆如图画在布的反面上，加上 0.7cm 缝份剪下车缝在线上。

14. 凹处请剪牙口（剪时请不要剪到线，剪至离车缝线约 0.2cm 处止）。

15. 翻至正面，下方弧度处压缝一道固定线。

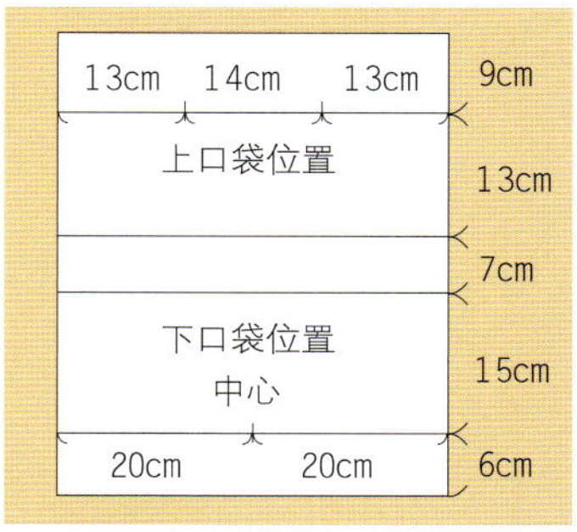

16. 在步骤 1 完成压线的帆布上画出口袋布的车缝记号。

17. 将步骤 15 的荷叶边布上方车缝固定于帆布上。

18. 将口袋布的拼接处如图车缝于记号处。

19. 步骤 18 的车缝处再如图折好。

20. 左右两侧也同步骤 19 折好，并用强力夹固定。

21. 车缝固定左右两侧边，再车缝固定下方。

HOW TO MAKE

22. 下方口袋做法同步骤 18 ~ 21。

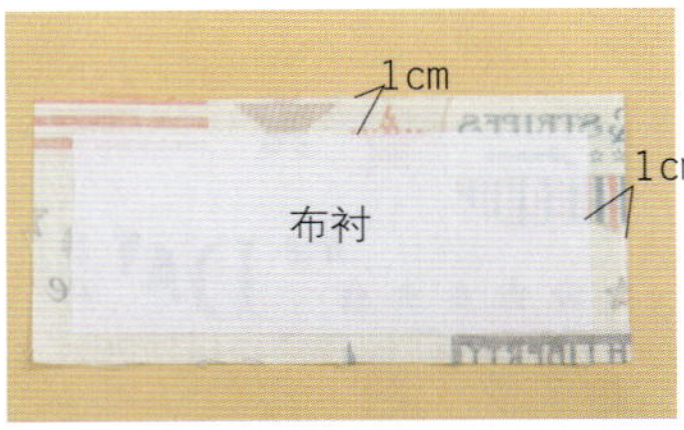

23. 挂耳布 4 片（尺寸：17cm×8cm）；布衬 4 片（尺寸比挂耳布小 1cm），如图各将布衬贴在挂耳布的反面上。

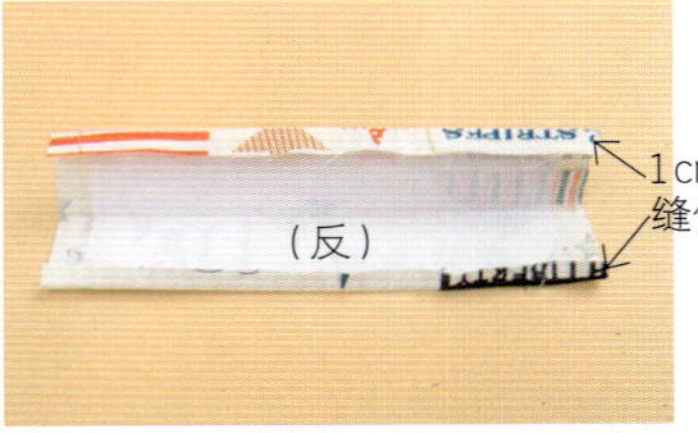

24. 上、下如图往中心方向折 1cm，再对折，车缝固定（其他 3 片挂耳布相同方法完成）。

25. 同帆布尺寸的后背布 1 片，放于帆布的反面，车缝四周一圈。

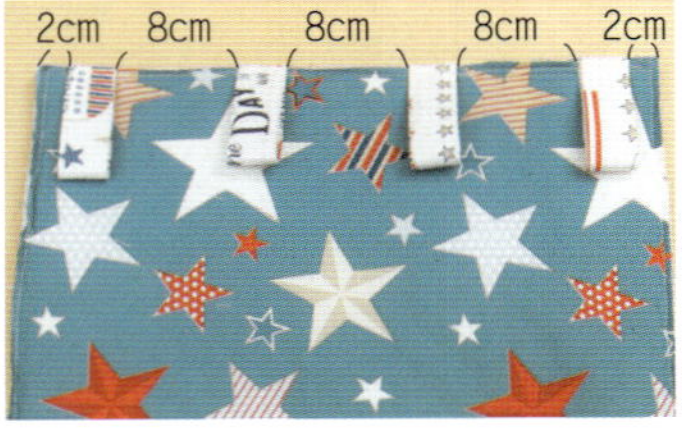

26. 如图将挂耳布固定于后背布的上方。

27. 滚边布裁 4.5cm×190cm，与帆布的正面相对车缝 0.8cm，再将滚边布包边至反面。

28. 将挂耳布翻至上方，再于正面的滚边布 0.2cm 处压缝固定。

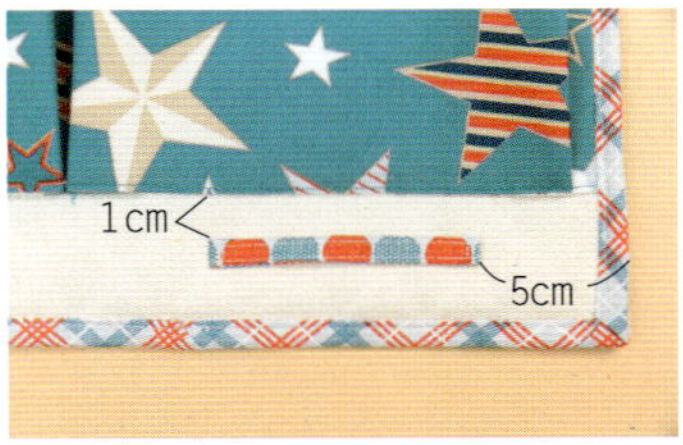

29. 裁 1 片装饰片（4cm×12cm），将反面四周的缝份往内折 1cm 车缝固定。再缝合于帆布右下侧。

30. 于装饰片上确定好位置后，打洞再固定铆钉。

31. 置物袋完成。

橘子果园
工具置物袋

橙色系的工具置物袋，
多了些女孩专有的香甜气味，
让我在工作时，
也能随时保持好心情。

北欧之春·洋装

裙摆飘逸的长版洋装，
也可当成上衣来穿搭。
融雪之后的北欧森林，
谱写着一片春季的简约优雅。

完成尺寸：衣身约87cm
内附原尺寸图

另一款海洋风格的不规则圈圈洋装，与深色内搭长裤堪称春夏绝配组合。▶

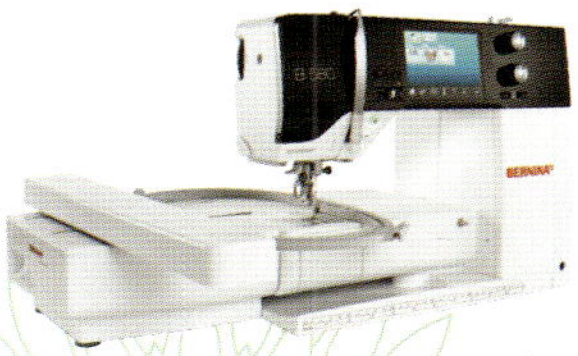

示范教学／隆德贸易有限公司 李青绮老师
情境摄影／詹建华　教学摄影／Milk
情境文字／Anjing　做法文字／Nanami
美术设计／韩欣恬　模特儿／Eileen
使用机型：BERNINA B580

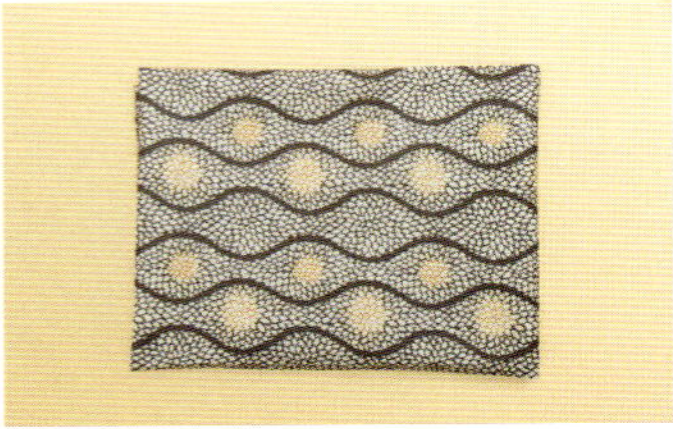

材料：
布 240cm
花边拉链 25cm

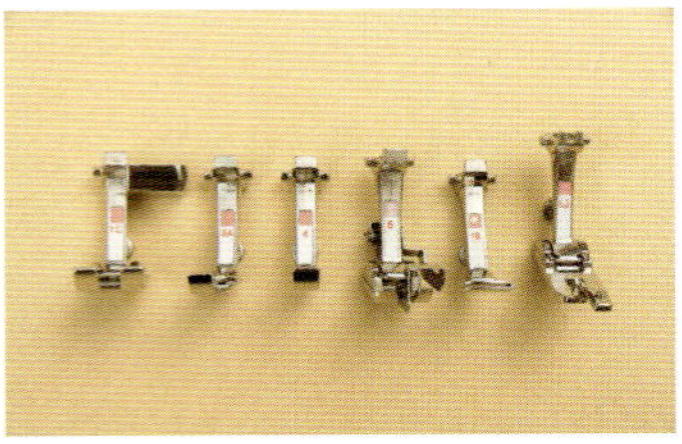

压布脚：#1C、#2A、#4、#5、16#、63#

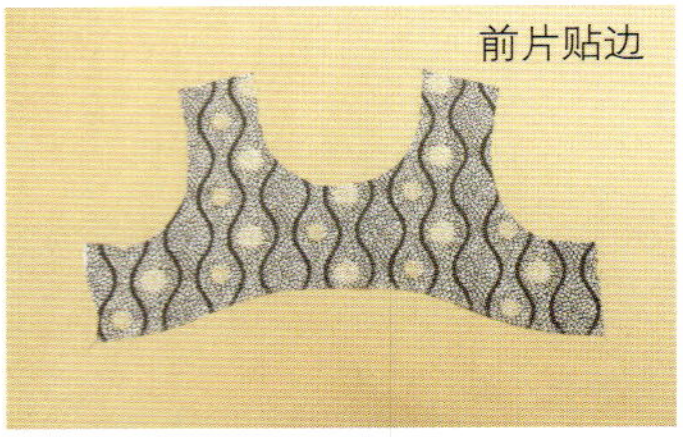

1. 主布依各尺寸图裁剪好。

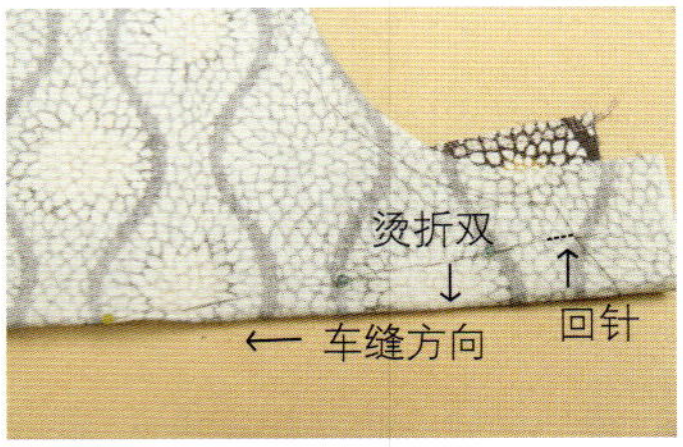

2. 胸褶处如图对齐线烫折双，再用珠针别好固定，从外往内方向车缝固定，线需留长一些再剪断。

3. 将线打结。

4. 将胸线处缝份烫开，如图将布修齐。

5. 将步骤 3 的线剪短（剩约 1cm）。

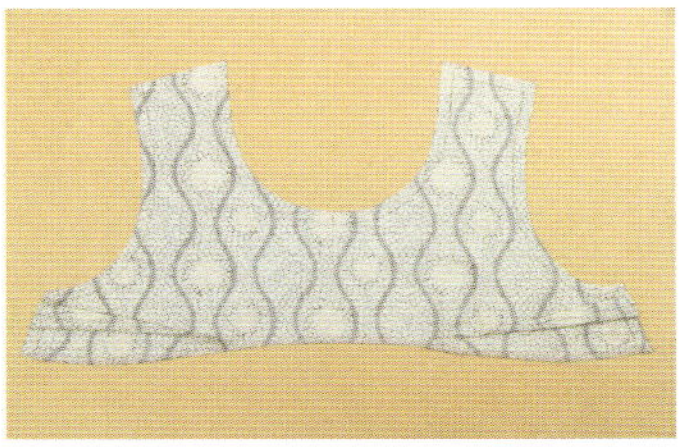

6. 另一边同做法完成（下方请拷克完成）。

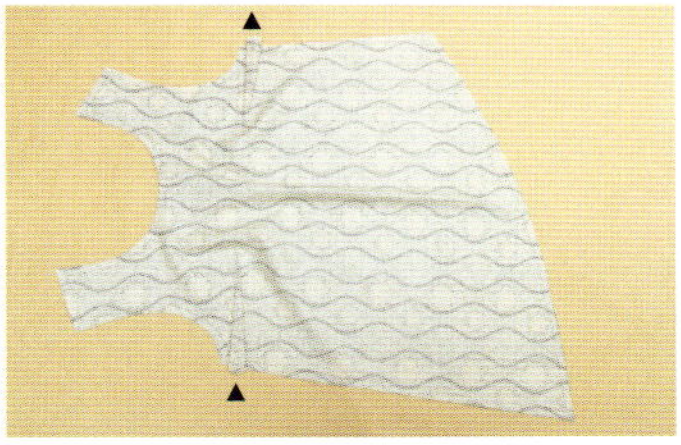

7. 前片同步骤 2 ~ 5 方法完成胸褶处。

8. 步骤 7 的▲记号处剪齐，再拷克两肋边。

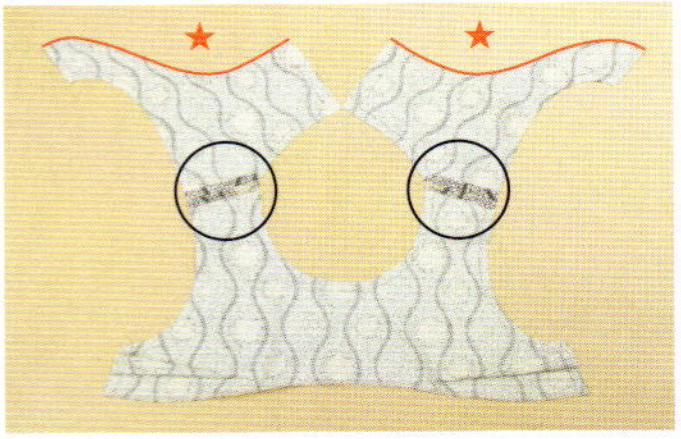

9. 如图将前、后片的贴边肩线处缝合固定（○为缝份烫开处，★为拷克处）。

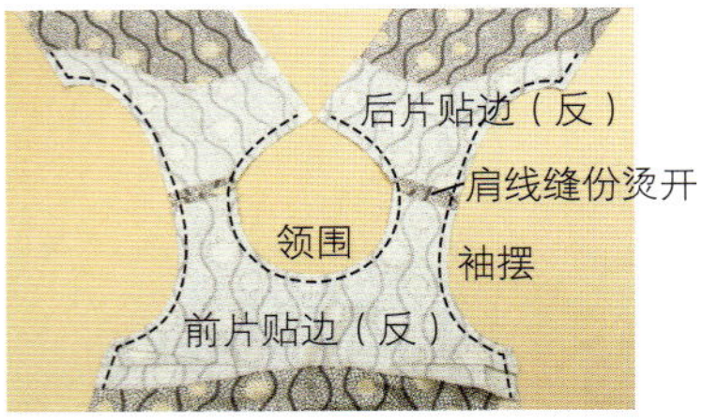

10. 前、后片的肩线也同步骤 9 缝合固定，缝份烫开。如图布的正面相对，肩线与贴边对齐中心点缝合领围与袖摆。

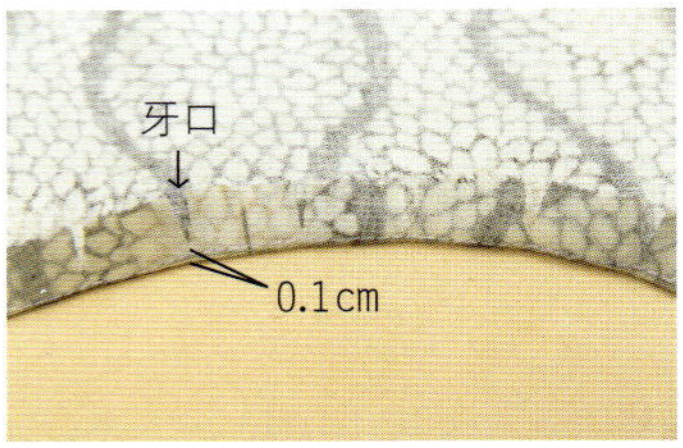

11. 领围处先烫缝份（压线处往内 0.1cm），弧度处需剪牙口。

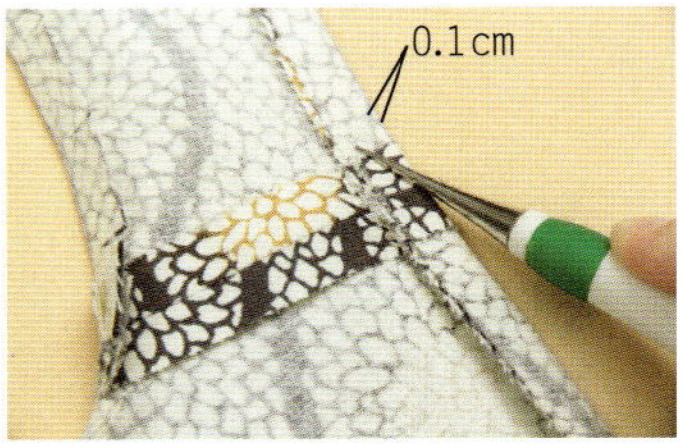

12. 袖摆处同步骤 11 先烫缝份（压线处往内 0.1cm），弧度处需剪牙口。

HOW TO MAKE

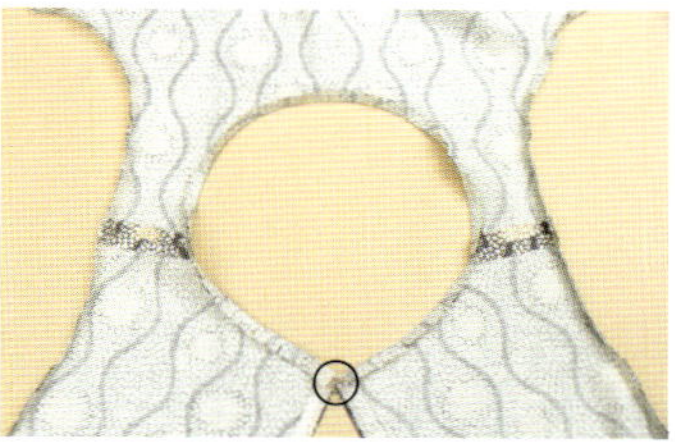

13. 领围与袖摆完成。

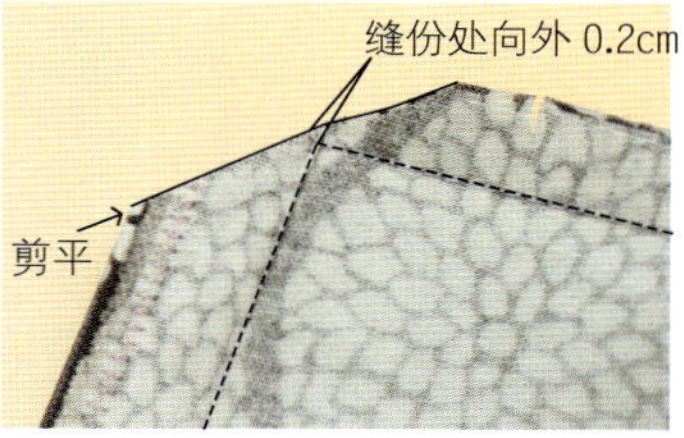

14. 步骤 13 的○记号，请如图将缝份剪平。

15. 将贴边拉至正面（请看示意图的箭头）。

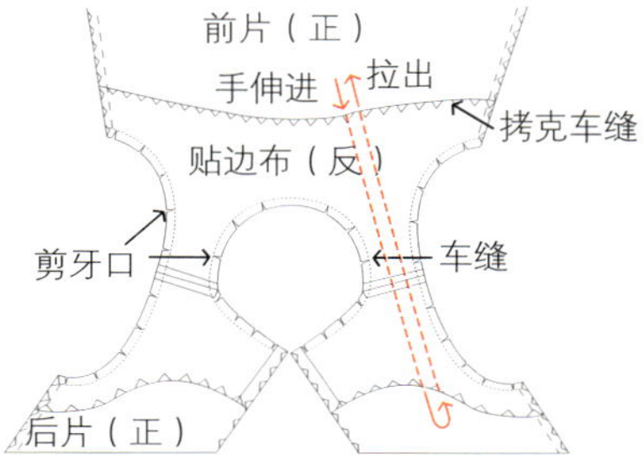

示意图：手伸进内抓住后片再抽出翻至正面。

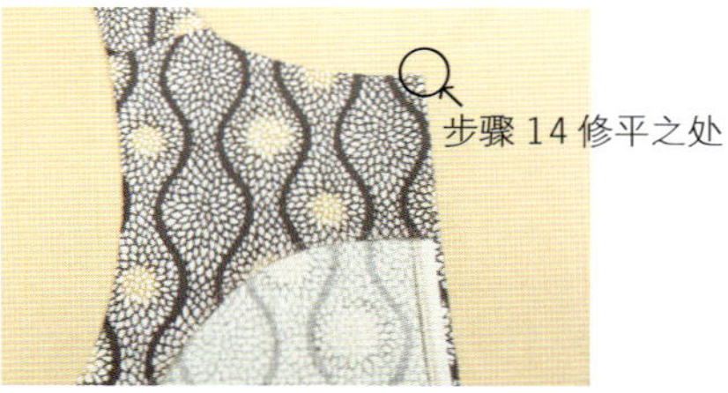

16. 贴边翻至正面完成。步骤 14 因为有修剪缝份，翻至正面时很平整。

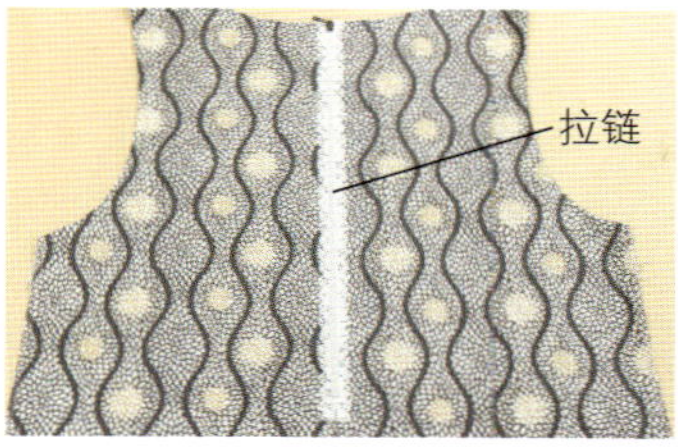

17. 将后片翻至正面，花边拉链放上，疏缝固定（拉链止点以下车缝，缝份烫开）。

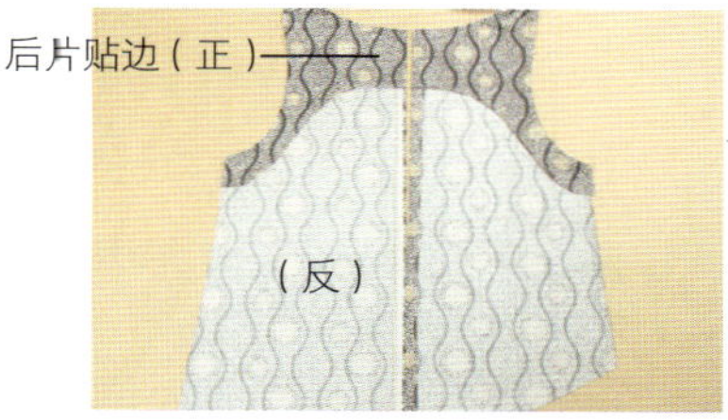

18. 后中心缝份如图烫开。

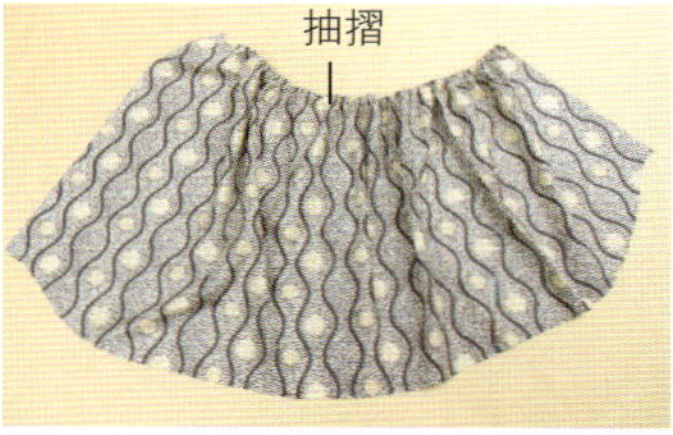

19. 裙身片的前、后片，如图上方用 #16 压布脚（针目 5.0、上线张力 6.5）抽摺。抽摺的宽度同前、后片，对齐中心点缝合固定。

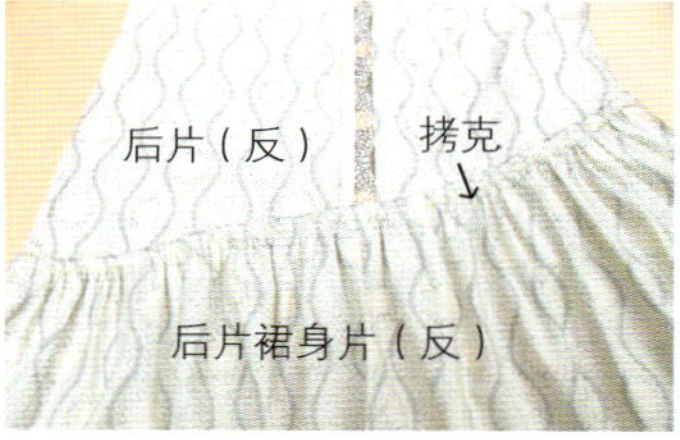

20. 前、后片与裙身片接合后拷克完成，缝份朝上烫平。

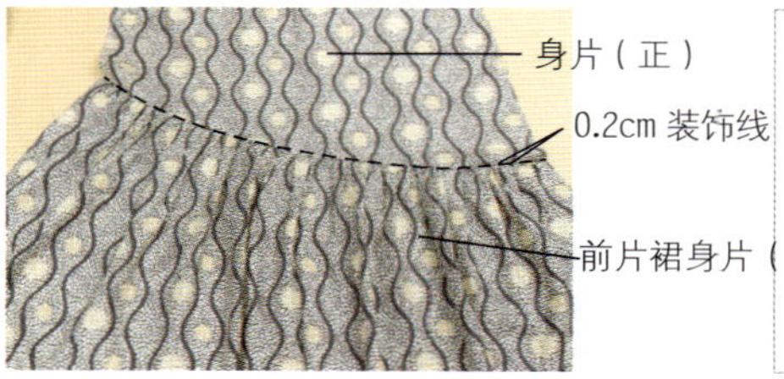

21. 翻至正面，用 #5 压布脚压缝 0.2cm 装饰线。

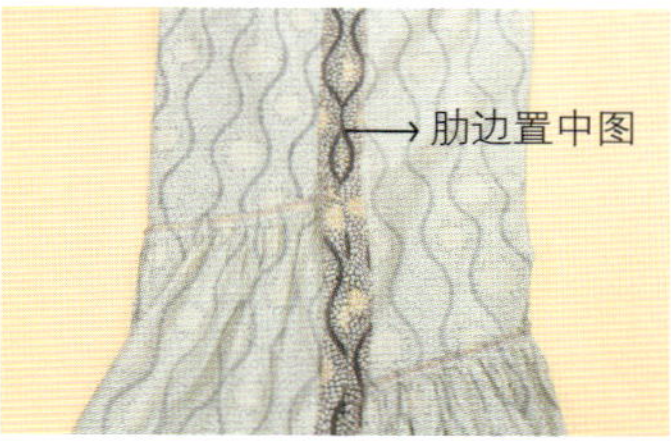

22. 步骤 20 与 21 的正面相对，缝合两肋边，再将缝份烫开并拷克。
※ 袖摆的贴边处请用千鸟缝固定。

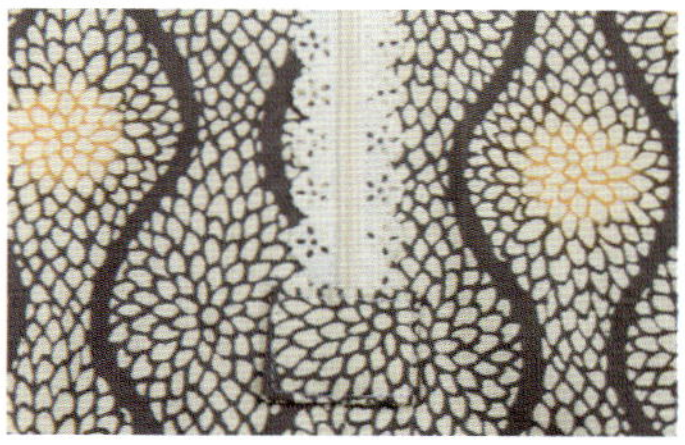

23. 步骤 17 的后片拉链止缝点贴布缝上挡布（裁布 5cm×7cm，缝份往反面折 1cm，再对折缝合一圈固定，完成尺寸 3cm×2.5cm）。

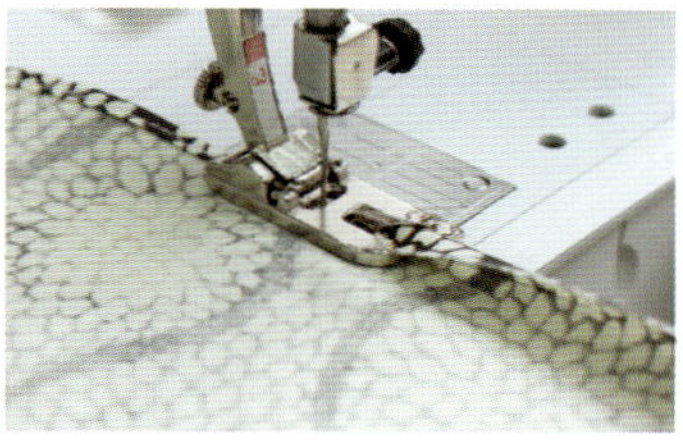

24. 用 #63 压布脚，将裙身片下摆 3 折车缝。

25. 领围与袖摆处的正面使用 #5 压布脚，压缝 0.2cm 装饰线。

26. 连身裙完成。

For 初级生
1小时完成的拼布小物—
Simple 2

大象园游会・悠游卡套

示范教学／陈玉金老师　情境摄影／萧维刚　教学摄影／Milk
文字编辑／简子杰　美术设计／林巧佳

草地上搭起彩虹帐篷，
小鸟乐队弹奏着进行曲，
空气都是甜甜的棉花糖香。

LOVE

材料 (图示为A、B款设计的材料量)
表布、里布、布衬、棉绳、扣子

●完成尺寸：约10cm×6.5cm ●内附B款原尺寸图

HOW TO MAKE

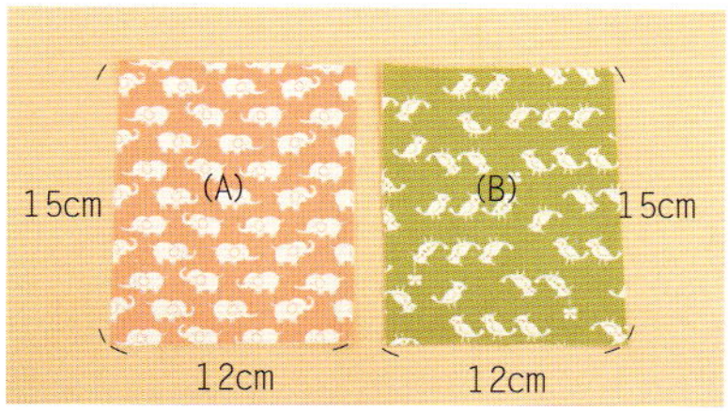

1 表布裁15cm×12cm(A、B)。

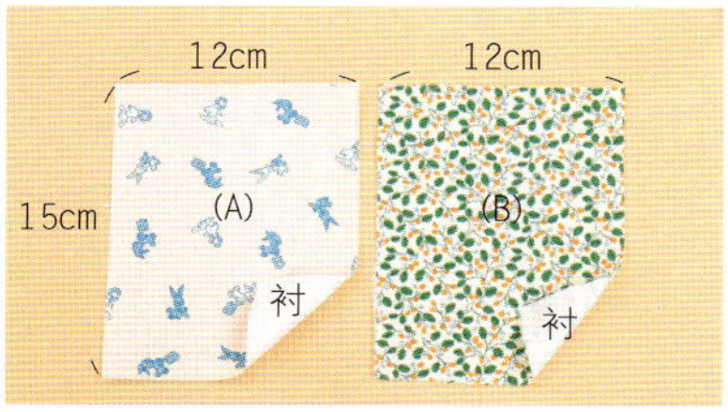

2 里布裁15cm×12cm(A、B)，烫衬备用。

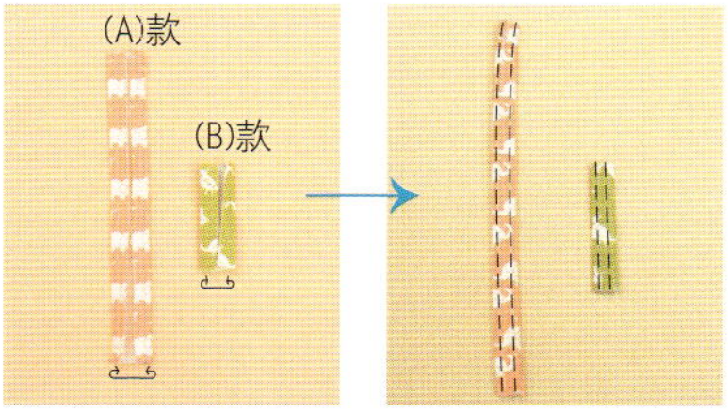

3 挂耳布裁18cm×4cm(A)、6cm×4cm(B)，对折再对折，左、右各压一道0.2cm的线。

【步骤 1~3，A、B款共用】

A款

4-1 布(A)一侧的中心处疏缝上对折好的8cm棉绳，如图。

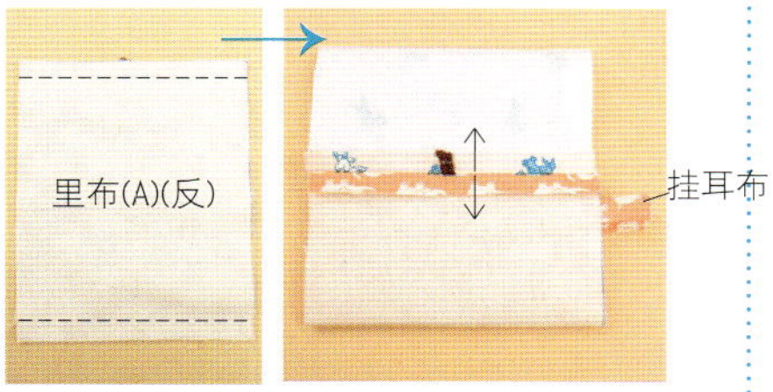

5-1 表布(A)与里布(A)正面相对，车缝上、下侧，再往中心摊开烫开缝份，将对折好的挂耳布对齐缝份下缘夹入。

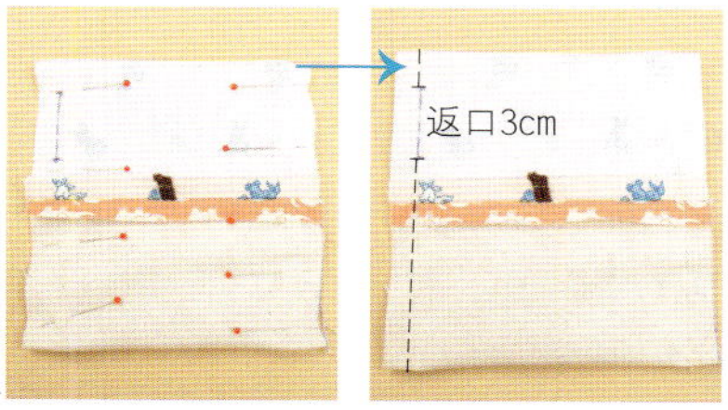

6-1 画出3cm的返口，用珠针固定左右两侧并车缝。

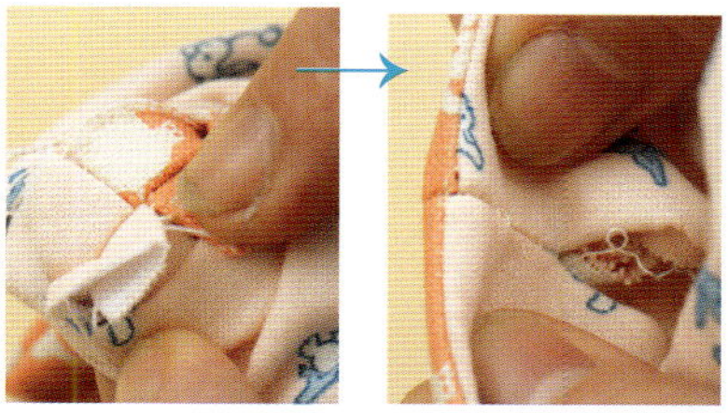

7-1 翻回正面前，需将表布(A)与里布(A)接合处的缝份分开，较为美观，再翻至正面。

8-1 缝合返口处，再于袋口处压缝一道0.2cm的线，缝上扣子即完成。

B款

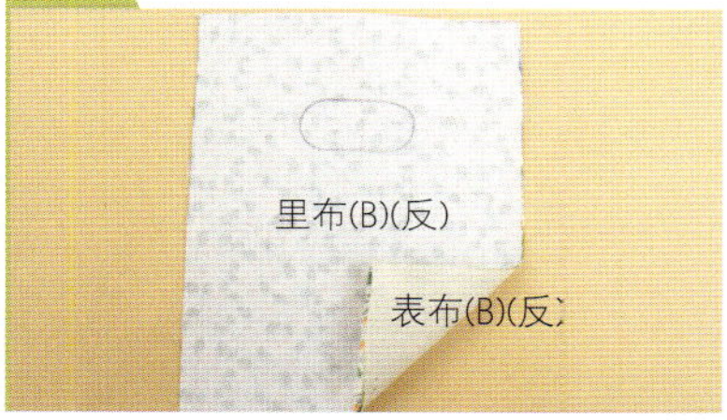

4-2 里布(B)画上椭圆形后，与表布(B)正面相对，车缝椭圆形一圈(针距请调至1.8以下)。

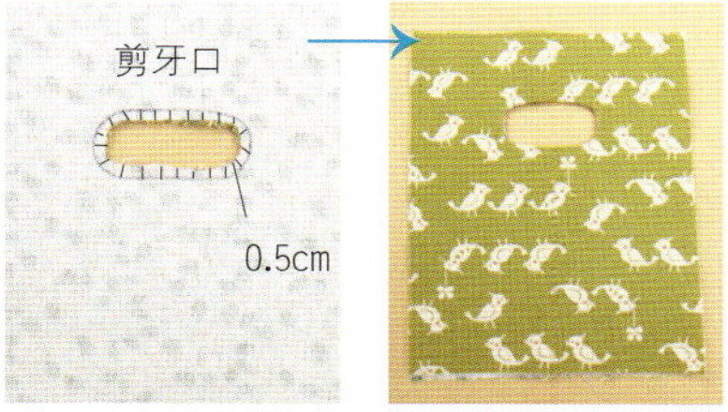

5-2 剪出椭圆形的洞，留0.5cm的缝份，并剪牙口，翻至正面。

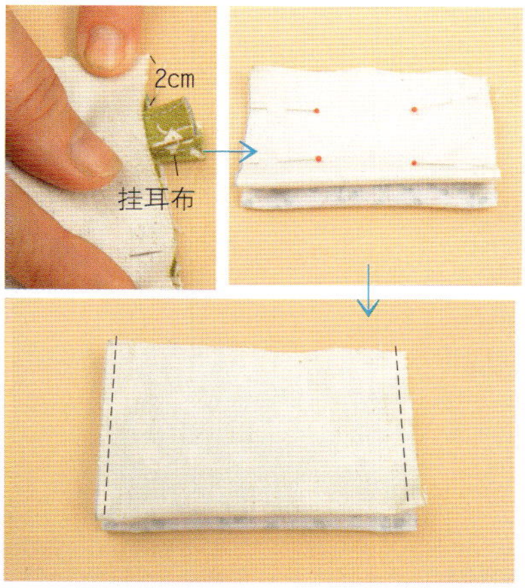

6-2 表布(B)与里布(B)各自正面相对，将对折好的挂耳布夹入袋口下2cm处，再以珠针固定左右两侧，并车缝。

7-2 将表布(B)及里布(B)的底角斜剪，袋口处往下折1cm，如图。

8-2 翻至正面，将里布(B)套合进表布(B)，取中心处夹入8cm的棉绳，袋口车缝一圈0.2cm的线。

9-2 缝上扣子即完成。

香蕉派对

学习拼布也能长知识，
水果知识一次报你知。

文字及作品提供、设计、制作／快乐手作 李婷姿老师
协力制作／林惠玉老师、王美芳老师、陈怡萍老师、林美铃老师、吴淑清老师、张淑贞老师
摄影／萧维刚 美术设计／陈启予

设计缘由

台湾是水果的天堂，尤其香蕉特别香甜，品种又多，如台蕉一号、台蕉二号、北蕉、仙人蕉、红蕉、美人蕉、吕宋蕉、李林蕉……因为香蕉含有丰富的天然糖分（如蔗糖、果糖、葡萄糖）以及纤维质和多种成分氨基酸，钾、钠、铁、维生素 B 等营养素，所以食用香蕉不仅可以防治多种疾病，也可以抗抑郁，从而衍生出一句台湾谚语“失恋多吃香蕉皮”，不但可以醒脑提神，还能像开 Party 一样快乐喔！

作品尺寸：约 102cm × 93cm

来自羊毛的礼物

第10届拼布日本展　户田LOEB奖获奖作品

作品尺寸：168cm × 163cm

我与拼布邂逅已有30多年。

不易取得布的时代，我用母亲与祖母及小孩子们的旧洋装、和服等当做素材，开始制作拼布。在那同时日本手艺普及协会开设了讲师取得资格的教室，教室已有25年历史，我在那里与许多同好交流，学习到许多事，以及自己的拼布个展、教室展、至休斯顿展的第3次参赛时作品因入选而被展示时的感激！在法国比赛中，我用拼布做的衣服共3件入选，家族3人还因此拥有出席时尚秀的开心经历。就在当时与好朋友们组成了Charming Quilter's（迷人的拼布者）团体，我们每年一起到横滨拼布展展示作品，已有10年之久，此团体的成员有许多是很厉害的拼布作家。我于花甲之年（60岁）在京都办了个展，并打算在我古稀之年（70岁）在故乡舞鹤地区（红砖馆内）办展览。

作品设计、制作、提供／林彦君老师　摄影／C.CH
文字撰写／黄璟安　美术设计／Celina

飨宴

制作大壁饰并不是一件非常困难的事情，从生活中寻找素材，做自己觉得有趣、好奇、想要进一步去了解的东西，也是一种另类的学习之道。

2010年因为台湾某贸易商的邀请，我制作了这幅壁饰《飨宴》。当时他们告诉我创作的主题是“台湾”，完成的作品将于韩国拼布展展出，我的心情是兴奋不已的。

一接下这个挑战，我开始构思着关于台湾的各种主题。居住在这片土地多年，对于它的情感是浓厚且深远的，每每看着电视上的行脚节目介绍着台湾的美食、风景、人文等，总是让我目不转睛，也时常思索着，我可以用自己的拼布创作些什么来为它珍藏下美丽的印象呢？转到新闻台，看见台湾的水果在世界上远近驰名，于是我想到：不如就来做个台湾特产水果的大壁饰吧！

作者简历：
林彦君
1996年日本通信社讲师，拼布资历16年以上。
于《巧手易》杂志连载编织好好玩、达人的拼布讲座Live等单元。
作品《飨宴》曾受邀参加韩国国际拼布展、上海拼布展。

作品尺寸：约143cm×208cm

“水果”看似简单，但真的要用拼布表现它，才发现是一个非常需要做功课的题目，首先，我上网找资料，找出能够代表台湾特色的水果，香蕉是一定要的，再加上杨桃、释迦、莲雾、荔枝，一共5种特色十足的水果，如果做成大壁饰，光想象就觉得非常有趣。

但只有水果似乎少了些什么，于是我在构图的时候，将台湾放入作品的正中央，我请先生帮我找出台湾形状的图案，然后放大尺寸，做出轮廓的雏形，再使用方格衬，做出马赛克的方块感，最后再切割下来成为台湾的图案，因为台湾四面环海，岛中是由中央山脉贯穿，所以我选了大地色系的布料做陆地、绿色系布料做高山、蓝色系布料做海洋，在使用布料的时候，我并不一定都用正面，有时也会用反面来做，手染布及云彩布都非常适合。用深浅色彩的配置来表现海水因为太阳照射出的明亮度，让台湾看起来像是闪闪发亮的一颗海洋之星。

要再说起水果的制作，这可是考倒我了，我们平常都爱吃水果，但是你了解水果吗？就拿香蕉来说好了，从叶片、枝干、果实、花朵等，都有它存在的意义。为了要更了解香蕉，我买了两大串的香蕉，连续吃了好多天，拿香蕉皮画纸型、去拔香蕉叶、到外面实地去看看香蕉树的构造，许多看了作品的人，问我香蕉下面那个看起来像是地瓜的东西是什么？我得意地告诉他们那是“香蕉花”，花枯萎了以后才能长出一串串的香蕉喔！我们都知道香蕉的大叶片是它的特色，在设计的时候，我想到了曾经在小关铃子老师的讲习课中学习到，制作叶片造型，可以收集一些真的叶片来参考，当时我在讲习作品中做了一片非常时尚的叶子，还得到小关老师的赞赏，因此我在这件作品里也用小关老师的布做了一片香蕉叶！其中的一片香蕉叶我还放入铁丝，让它撑起来更有立体感。

至于杨桃，我的教室前面有一棵杨桃树，我站在杨桃树下观察它的姿态，杨桃的枝干较软，当风吹拂时它会随着风的起伏摆动，这时我又想起有次上池敬子老师的课，她的先生也是有名的拼布人，他教了我们利用长条碎布制作树枝的方法，所以在这件作品里头，我也使用了这样的技法，做出非常生动的杨桃枝干。水果的叶脉都是用压线表现的，利用大量的压线、自由曲线等技巧，可以让整个作品的画面更为活泼且自然。

这件作品从设计到完成，我花了3个月的时间，制作的过程虽然费工，但也非常有趣，因为创作，让我与生活更亲近。制作大壁饰并不是一件非常困难的事情，从生活中寻找素材，做自己觉得有趣、好奇、想要进一步去了解的东西，也是一种另类的学习之道，这件作品曾经在韩国、中国大陆等地展出，现在展挂于我的工作室，对我来说，是一个美好又难能可贵的创作经验，也是一本记录着属于我的拼布故事书中经典的一页（本文为作者口述，编者代为撰写）。

资料来源、文字撰写、作品提供 / 映衣老师
文字整理 / Magi　美术设计 / Celina

Lesson-2

熟悉的拼布种类

布伊坊　映衣老师

日本文化女子大学研究所毕业，服装社会学专攻，研究拼布与社会关系。和很多女生一样从小就喜欢做手工艺，缝缝补补，接触拼布已有十多年，因为好奇心，喜欢追根究底，读过服装史、艺术史，所以也想了解拼布的发展史，于是辞掉服装企划的工作，重回母校的研究所，针对拼布发展做更进一步的研究。具有日本手艺普及协会指导员资格，现在师事拼布作家小关铃子老师。

拼布的种类各式各样，如同之前所提到的，技法、特色以及发展地各有不同，虽然做法类似，但是按照使用目的与用途的不同。作品的名称也会有所不同。但是，这些作品都统称为拼布，接下来要介绍几种大家比较熟悉的拼布的由来。

爱米许拼布（Amish Quilt）

美国宾夕法尼亚州（Pennsylvania），简称宾州，有一个过着传统生活的村庄叫爱米许村（Amish）。在美国拼布文化中，爱米许拼布是非常独特的一种拼布，由于基督教新教派的门诺派规定非常严格，拒绝现代化电器设备和汽车，村民们生活在非常简单朴实的环境中，也不穿着华丽的衣服，而是以白色或暗色系为主要配色，于是爱米许村民大量运用单纯的新英格兰式的几何图形，结合没有印花的单色鲜艳布料与简单的切割线，加上细致的压缝线，酝酿出对比强烈的爱米许拼布风格。

纪念拼布（Album Quilt）

纪念拼布是制作出来赠送给要结婚的友人，或是要搬家、远行的邻居、朋友作为留念的拼布。在美国西部开拓的时期，由于书信往来极为不便，友人会落脚在哪里也是未知数，更别指望还有再见面的机会了，所以原本在一起生活的同社群的朋友们，每一个人把自己的祝福和思念，利用拼缝、贴布缝、刺绣等技法图形设计，并缝制成一个个的区块，当做信息，然后大家再把所有的区块拼接起来，制作成一大片的表布，再加上铺棉和里布就完成了纪念拼布被，也就是告诉对方“勿忘我”的意思。纪念拼布里还包括了友情拼布、样品拼布、署名拼布、家族纪念拼布、引用文拼布等。在每一个区块上都会绣上或写上制作人的名字、日期或是祝福的留言。在19世纪中期的美国社会里，将纪念拼布当做纪念品送友人成为一种流行的趋势。

▲ 照片摄于2011年日本东京国际拼布嘉年华展的爱米许拼布展示区。
摄影 / 指吸快子老师

◀意大利拼布示范作品

▲英国拼布：六角形拼接

意大利拼布（Italian Quilt）

意大利拼布也被称为西西里拼布（Sicilian Quilt），是14世纪后半叶制作的拼布样式，目前现存最古老的拼布就是这种意大利拼布，在上一期介绍过收藏它的美术馆。它还有另外一个名称叫浮绣花拼布（Trapunto），主要的制作方法是利用两片棉布重叠后用平针缝缝出预先设计好的图形，然后在两片棉布的中间塞入棉花或穿入毛线（或棉绳）做出立体感。

英国拼布（English Paper Patchwork）

这是在英国相当普遍的一种拼布方式，做法是先用布把各种一样的纸型包起来并疏缝固定，再把每一片包缝好的布片用细密的卷针缝连接成需要的尺寸，最后取下纸型。通常在缝接小尺寸的多角形布片想要快速完成时，都会利用到这种方式。

婴儿拼布（Baby Quilt. Crib Quilt）

所谓的婴儿拼布是为了祝福婴儿诞生时所做的小尺寸拼布，大部分会利用印花布、刺绣、可爱的图形、柔和色彩，加上简单的压线；另外一种也被称为婴儿拼布（Crib Quilt）的种类是运用在有护栏的婴儿床的周边，是用来让婴儿床能有保暖效果而发展出来的拼布。

疯狂拼布（Crazy Quilt）

利用各种不同材质的布料、刻意设计成不规则的形状固定于底布上，被称为疯狂拼布。这种拼布在19世纪后期相当流行，由于适逢英国维多利亚女王执政的时代，所以也被称为维多利亚疯狂拼布。这种疯狂拼布并不是随便拿一些不同材质的杂布料，而是使用像丝绸、绒布、毛料、绸缎等各种高级的布料，当然有时也会使用男用丝质领带或丝质方巾等，然后在接缝处和大布块的空间里用绣线表现出豪华美丽的装饰，现代则开始利用亮片或亮珠和缎带做出装饰的效果，使作品呈现出更为豪华亮丽的样貌。

▲疯狂拼布

▲样式拼布　　摄影／詹建华

样式拼布·样本拼布（Simple Quilt. Sample Quilt）

样式拼布也就是大家所说的样本拼布，是利用多个固定尺寸的不同拼布图形拼接成一大片设定好尺寸的拼布，再与铺棉、里布重叠并做压线处理。这样的做法是让初学者能对每一个图形的名称、由来有所了解，并且能掌握图形绘制、缝合与缝份的倒向方法等技术。对拼布的熟练者而言，制作这种拼布除了可以看出自己经年累月所修炼的成果之外，也可以运用自己成熟的技巧创造出独树一帜的设计，因此，无论是初学者或是熟练者，这都是不可或缺的一个作品。

夏威夷拼布（Hawaiian Quilt）

18世纪20年代从波士顿跨海到夏威夷的传教士的妻子们，把拼布的技巧教给夏威夷当地的女性。当时，夏威夷人是不穿上衣光着上半身的，于是传教士的太太们便在教当地人做拼布的时候，同时教育她们裸露上身是有罪及不敬的行为。由于当地的气候相当温暖，所以色彩的运用也很鲜明亮眼，于是创造出独树一帜的拼布风格。夏威夷拼布的特色是用夏威夷特有的植物与水果当主题，将其制作成1／8的图形置于布料的中心，用贴布缝的技巧及声波压线法所缝制而成的。

声波拼布（Echo Quilt)

所谓的声波就是仿佛海浪一样，由贴布缝的中心一层一层向外扩张出去的波纹式压缝法，这种缝制法也就是夏威夷拼布的最大特征。

▲夏威夷拼布

白色拼布・素压（White Quilt）

白色拼布是利用一大片素布，预先描绘出自己所喜欢的或者是特别的图案，再利用压线缝出立体的效果。白色拼布虽然可以说是最单纯的作品，但也是最花工时的作品，大部分的拼布制作者都会把这种白色拼布，当做送给新娘祝福的结婚礼物。在19世纪前后，特别是在大都市或美国南方都非常受大家的喜爱。

摩拉（Mola）

这种称为“摩拉”的拼布拥有2000多年的历史，不同于一般常见的拼布，因为它不需要铺棉，不需要压缝，用普通的拼布技巧里很普遍的做法，却成为另一种独树一帜的拼布风格。“摩拉”原指原住民服饰，尤其是在巴拿马共和国的圣布拉斯(San Blas)地区的库纳(kuna)族的女性与小孩的服装，其实“摩拉”在库纳族语言里指的是装饰布的用法，也就是衣服的意思，装饰重点在上衣由下往上至胸口前面及后面。库纳族居住在巴拿马与哥伦比亚的边界，属于热带地区，长年炎热，所以衣服的材质以木棉为主，因为透气性良好。运用色彩鲜艳的木棉布，描上设计好的图案，依照图案剪出轮廓后，利用反折贴布缝法，加上小部分的刺绣就可完成作品。它色彩鲜艳，又有独特的图案，让人看了心情都会好起来，所以让许多不会做拼布的人也爱不释手。

▲摩拉拼布

其实仔细算的话，拼布主要的种类有二三十种，这里介绍的几种拼布及主要的制作方法都是目前坊间比较常见的种类，希望大家能对这些拼布有所了解。当大家看到某些拼布图形的时候，会不会好奇它的含意、由来和故事呢？下一期将陆续为大家介绍，敬请期待。

＊参考资料由日本文化学园大学图书馆提供。

资料参考书目

★小林恵『アメリカンパッチワークキルト事典』文化出版局

★デボラ．ハーディング/デニス．デューク編集小野ふみえ訳(1994)『アメリカ/キルトの世界』日本ヴォーグ社

★『パッチワーク．キルト大事典』（1998）パッチワーク通信社

★秋月真理子訳(1999)『DAR美术館所蔵アンティーク．キルト．コレクション：アメリカ上流階級の女性たちが守り続けたキルト』ペンシルポインツ株式会社編集

★宮崎ヤツ子『モラ』（1988）-サンケイ新聞写真ニュースセンター-

后记：此单元推出后受到广大读者的回响，非常感谢读者们回函中的赞美与心得分享，我们相当开心，请大家继续来函支持喔！　编辑部敬上

Chat 4 百变小木屋 Log Cabin

小木屋的图案如同建筑木屋的方法一样，当骨架完成后在屋顶的最高部分架上梁，由此被命名为“上梁”的图案，制作时以正方形为中心，依顺序（左、右或上、下）缝上条状布，再配合着明暗色彩叠排而起。这种小木屋的图形成为最受欢迎的图案，多数人爱缝制，在配色与构造可产生丰富的变化，而且是美国人在开拓时期的精神和生活的表现。

文字提供／陈节老师　摄影／Akira　美术设计／Celina　协助／布能布玩拼布生活工坊(台中河北店)　TEL：04-22450079

Little House
尺寸：167cm×167cm
作者／陈节老师

作品制作趣谈

从 1620 年起移民者开拓了美国新大陆，为了新的生活开始奋战，建造房子和家具，直至 18 世纪为了提高生活品质，重视家庭布置，拼布成了能装饰又有乐趣的选择，除了传统缝制，也流行缝缀创作的交流。在这张作品中除了用布的明暗组成传统八角图形，中心以生活中不可欠缺的房子和松树的图案增加变化，其制作方法简单，又可把小布块充分利用而不浪费，是能够轻松运用的配色作品。

小木屋

尺寸：120cm×135cm
作者／陈节老师

作品制作趣谈

传统小木屋中间部分常以红色来制作，象征着家里炉火暖暖地烧，红色意味生命，黄色代表安全，这是一种欢迎旅游者的小木屋。当我制作这张作品时，除了把中心面积扩大改为长方形，设计房屋造型放入，然后在围绕条状布的角边利用正方形创造出阴影的感觉，边条采用较素的布料来做衬，也在整体的四角边做了裁剪，结束时的滚边条利用留下来的碎布组合包边，使其散发纯朴的味道。

烟火

尺寸：102cm × 102cm
作者 / 徐韡祯 (Pany)

作品制作趣谈

使用变形小木屋完成色块拼接，选择彩度高的布安排色块，才不至于在制作时接错色，我选择最外围以暗色系来凸显色块，完成后宛如点燃的烟火色彩夺目。

陈老师讲评：

这也是小木屋的图形，乍看之下好像很复杂的设计。摒除了传统缝法的程序，首先将单一图谱的正方形黑色布放入中心，采用 L 形的单边缝法，再运用配色和排列方式来做设计。为使色彩如一颗颗宝石般，在靠边处的图案采用黑色凸显色块，收边的滚边条除使用黑色布料外，在对角位置加入少量的黑白条纹布增加独特感觉。

小木屋的派对

尺寸：114cm×114cm
作者／苏怡绫

★感谢支持！本单元推出广受读者热烈回响！欲报名陈节老师课程者请接洽布能布玩拼布生活工坊（台中河北店）

作品制作趣谈

小木屋是拼布的传统图形，此次通过排列方式的不同与鲜明的配色，呈现出截然不同的风格，这就是拼布有趣及迷人之处。

陈老师讲评：

课堂教学除了在技术面做指导，也希望学习者在缝制上有多变的花样，互相切磋琢磨。此作品采用相同的缝制和排列，只有在整体组合时外围图案换上了较亮的色彩，衬出了一些柔和配色，希望让大家体会明暗度的差别所造成的视觉变化，边条选用不规则折线调和搭配产生绝妙的设计。

新书快讯

拼布人最爱的缝纫造型手作大集合！

布可能！拼布 彩绘 刺绣 在一起！

你是否想过，
将拼布、彩绘、刺绣 3 种手作融合在一起，能够激发出怎样的创意作品？
如果把拼布人最爱的缝纫工具画成迷你版，放在拼布里一定很可爱吧！

■摄影／詹建华 ■采访、撰文／黄璟安 ■美术设计／陈启予

同时是资深拼布人、彩绘人、刺绣人的陈慧如老师，她 365 天都在脑子里想着这样的点子，并且实际创作出各式各样的可爱缝纫造型拼布，希望满足所有拼布迷的美好憧憬。

陈老师常笑说自己是专职学生，只要是手工艺的进修课程，她都超有学习兴趣，而且踊跃参与，因为这样的好学态度，她拥有拼布、彩绘、刺绣等多个专业的指导员资格。虽然拥有众多学生，却和大家都保持着非常好的朋友关系。小编在她的教室里采访时，有种来到“同乐会”的愉快感觉，令人好生羡慕。

热爱收集缝纫工具的陈慧如老师，因为喜欢手作，所以私藏了无数的缝纫宝物，她说缝纫工具就像是她的芭比娃娃，陪伴着她一路创作，个人的第一本创作书《布可能！拼布、彩绘、刺绣在一起！》即以她最喜欢的缝纫工具为主题，创作了 30 多件可爱的创意拼布，这些作品里蕴含着怎样的灵感和小故事呢？好奇小编当然要帮读者们解密啰！

拼布：一个可以和世界交朋友的幸福工作！
——陈慧如老师

达人小档案

陈慧如老师

拼布资历 20 年
彩绘专研、刺绣创作人
拥有百变创意的双子座
热爱美食、彩绘、园艺，拼布就是生活
喜欢收集 An&Andy、各式杂货、缝纫工具
现为八色屋拼布彩绘教室负责人

八色屋♥拼布彩绘
http://www.e-colors.idv.tw

好康报你知

♥ 陈慧如老师新书出版 & 立体人台体验课　最新活动 6 月中旬即将开跑
♥ 买书即有机会获得随书附赠限量的手工彩绘印章针插材料包
敬请密切注意《巧手易》官方网站讯息

以下采访简称（**H**：Hand Made 杂志 **R**：陈慧如老师）

H：何时开始接触拼布？拼布对老师生活的意义何在？

R：小时候就喜欢和喜爱手艺的妈妈一起 DIY 各种玩艺，也因为环境影响吧！接触过许多其他手艺，但当我一接触到拼布这新玩意时，好奇的我即认真疯狂地一头栽进这变化万千的拼布世界，也让好奇多变的双子个性能尽情发挥于作品上，从单纯的喜爱一不小心变成了工作，拼布对我而言也是我手作生涯的初恋吧！喜欢从学习过程中所获得的知识与乐趣，当学得愈多愈觉得自己渺小，也更深刻地了解，一件能得到大家共鸣的作品，绝不是偶然！

H：将拼布、彩绘、刺绣结合，是一种全新的尝试，老师的作品设计灵感都是从何而来？

读者福利社

小编帮你问！
读者最想知道的 Q&A

Q： 新书中收录了各式各样的缝纫工具造型作品，老师是否有特别喜爱的缝纫工具，或是有独家的缝纫私藏品呢？

R： 因为非常喜爱收集和拼布相关的缝纫工具杂货，每当出国旅行甚至是逛街时总是不时地寻找这些宝贝，对我而言它们就像是“我的芭比”，看到她们就会让我感到很幸福！喜爱手作的人一定不陌生这些陪伴我们的好伙伴，是朋友、也是家人，更像是我们的另一只手！我特别喜爱不同造型的顶针、缝纫机。虽然收藏了许多世界各地的缝纫用具，但最爱的一台是由我设计、先生亲手做的铝线缝纫机，全世界就这一台喔！也会出现在新书中！很幸运能有这个机会和大家分享，将缝纫彩绘工具为设计概念的造型发想，结合我在不同领域所学习的设计构图、色彩学等心得，虽然不是很深的技巧，只想让你感动的幸福作品，那些年与我相伴的好伙伴——我的芭比们！

新书抢先看

脚踏垫
缝纫机造型的脚踏垫，家里的工作室是否也该加入这个新伙伴呢？

多功能开口双面书包
特殊的拉链开口设计，双面皆可使用。

缝纫置物篮
功能超强的多口袋设计，实用度百分百。

R： 当认识学习的领域愈多，会有很多不同的想法，不同的技巧可呈现许多有趣的结果。将各种技巧结合，是非常有独创性及有趣的表现。生活周遭的人、事、物都是创作的来源呢！在我新书中有从生活中随手取得的物件而设计的作品，多方观察不同领域的设计、配色、构图也都是创作的发想来源。

H： 对于从未尝试过彩绘的拼布人有何建议？将彩绘运用在拼布上有何特别需要注意的地方？

R： 先找适合初学入门的图形来学习，新书中就有许多图案可利用在各种作品上。布料的种类繁多，选择布质细致且密的布料入门比较适合。技巧的不同、布料的选择也要有所调整，颜料的选择会影响作品的质感，一支好笔也能让作品加分。

NEW！Star Stage
新手作家星登场

For 小朋友的儿童节礼物
缤纷小毛虫笔袋

作品设计、制作、图片、做法提供／星星拼布屋 陈嘉玲老师
情境文字、摄影／Milk 美术设计／李月椿
内附原尺寸图 完成尺寸：约22.5cm×13cm×5.5cm

偷咬一口苹果的小毛虫，
打算用八只脚的速度跑，
真没想到，这样还是被
路过的兔子哥抓个正着！

准备材料

表布30cm×50cm
里布30cm×50cm
双胶铺棉30cm×50cm
布衬25cm×30cm
拉链21cm 2条
滚边条3.8cm×160cm
织带1.8cm×15cm
包扣3.5cm 6颗
点点布：浅粉红、粉蓝、红、黄、深粉红色各6cm×6cm
格子布：0.3cm红白格子布6cm×6cm
不织布：绿色、粉红色、粉蓝色、红色、黄色各少许
花蕊：桃红色1枝

新手作家——陈嘉玲 老师

星星拼布屋
http://tw.myblog.yahoo.com/jw!NJZPzw.LEUe6Zs5.Awiqs.Nl/

我和《巧手易》的相遇：
"没想到国内也有出版这么专业的拼布杂志！"心里如此想着，在一堆日文手工艺书籍的环绕下，我从书店的架上取下《巧手易》翻阅着。由于是中文显得格外亲切又容易理解，内容独特新颖又精心安排，美美的作品有大照片及详细的图解说明，这让我想到，喜欢发表创作的我若有作品刊登在其中也觉得与有荣焉，提供创作想法也是我继续投稿的动力来源。

HOW TO MAKE

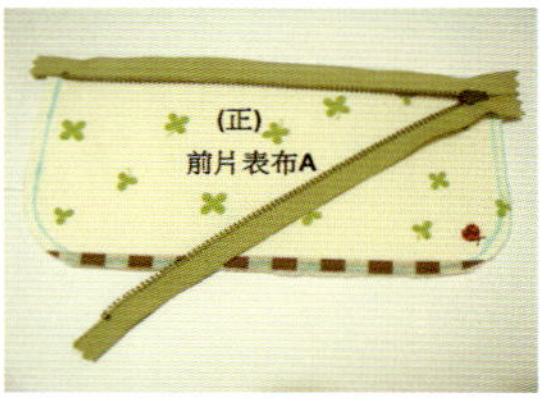

1 前片表布A的反面先烫上双胶铺棉，拉链如图对齐布缘放置。

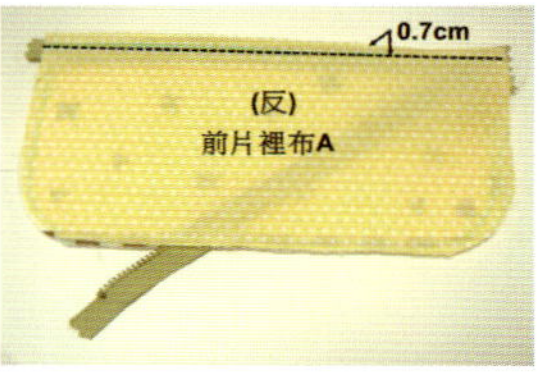

2 前片里布A重叠上，留缝份0.7cm将表布、拉链和里布一起车缝。

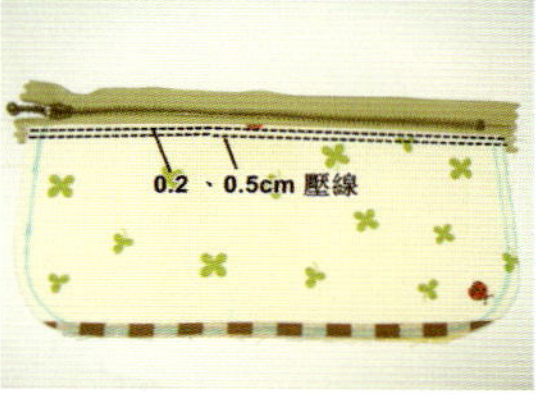

3 将拉链翻出，里布盖上双胶铺棉并烫合。

4 在布缘0.2cm、0.5cm车两道压线固定。

5 前片表布B同步骤1～3完成。

6 前片口袋布烫上布衬，中央对折。前片表布和口袋布重叠，并用滚边条包边车缝固定。

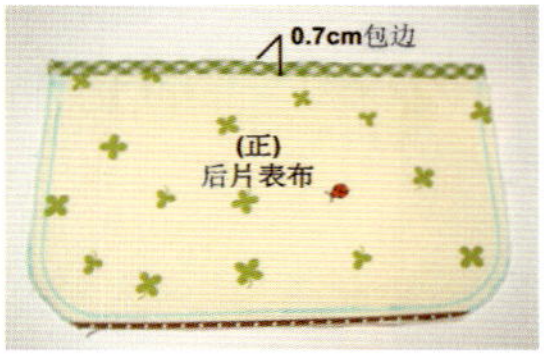

7 后片表布及里布内夹双胶铺棉烫合，并用滚边条包边车缝。

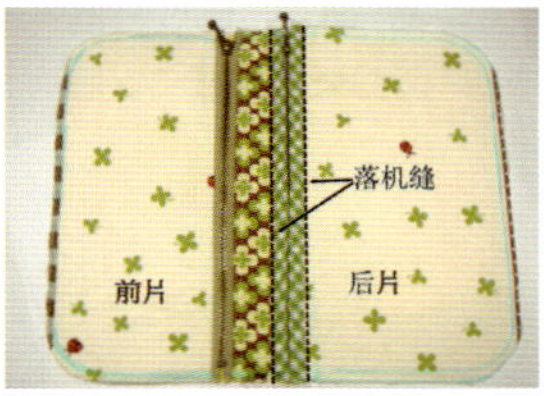

8 前、后片并排拉链置中，用落机缝将拉链车缝固定。

9 侧片表布及里布内夹双胶铺棉烫合。

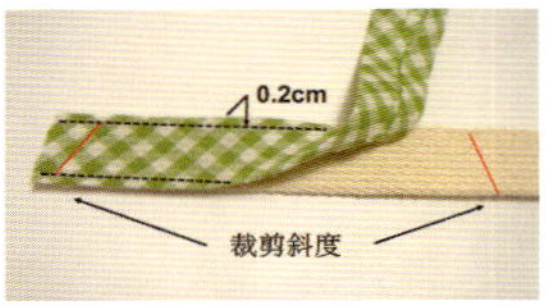

10 织带表面车缝滚边条，并如图将两端裁剪成和相接的侧片同斜度形状。

11 用滚边条包边缝合前、后片及侧片并夹入织带，有些角度缝纫机不好缝可用回针缝手缝固定。

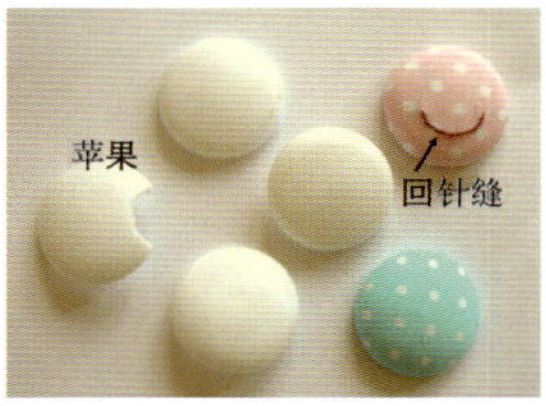

12 苹果形状的包扣使用强力的剪刀或工具剪出被咬一口的形状，布料缩缝时则将凹的部分抓缝固定以显现出形状（用一般包扣时，要将扣子中间突出的梗削平）。

13 包扣用藏针缝缝合在表布上，同时夹入触角及小脚缝合固定。用保丽龙胶贴上叶子、眼睛及腮红，完成。

摄影、采访／特约编辑 詹宏人
美术设计／林巧佳

1. 名家题匾
2. 屋内陈列各种玩偶
3. 三只小猫
4. 东方风
5. 小妗禧
6. 山东女仔
7. 布告栏
8. 教室学员上课情形

青岛拾贝

“妗禧”语寓“惊喜”，“指间”为手作之意，由书画家宋文京以汉隶题匾加持，“指间创意工作室” 有东方风格，这就是我到青岛访拼布教室意外拾到的第一颗贝壳。

一出青岛火车站，就闻到海味，延绵十数里都是白沙滩，一路走来，右方蓝海有沙鸥飞掠，左侧海滩树林中尽是红檐白墙的老租界时期德式美丽别墅，路名取香港中路，台湾路，十足的后现代国际都会风情。

短发、道袍、咧嘴微笑的张玉梅，“指间创意工作室”老板说：“ 创意 100 园区是青岛市政府对外的艺术创意展示园区，由青岛市艺术家、设计家、工艺家共同驻进成为艺术聚落城，我原从事设计工作，两年前迷上拼布，就在这儿赁屋落根，初期以教授拼布 DIY 为主，新设计团队加入后，转型做订单型的拼布家饰品”；屋内陈列动物玩偶，布娃娃，古典红木橱柜，有手感制布衣笔记本，透明窗台上的都会摩登女郎，花公鸡家族，山东女仔，衬托窗外欧风红瓦，布摆放在紫檀乌木的间架上，卷成如有五色年轮的材木堆；大门贴有两大横幅，上幅的行书“小妗禧手作市集”。刘娟老师向我介绍“小妗禧”品牌策略，开发中产阶级客层，为其设计各式礼品，今年过年前出了一批拼布礼品包，都挂着小妗禧的 Mark，填充布娃娃市场需求很大，完全依赖创意，指间工作室以培养师资为主，人才及创意都自己开发，这就是我们青岛人的自信。

数年前中国掀起一阵成为大国的辩论，鼓励传统中国向大海开放，掬取蓝海力量，冒险、创意、往前走；青岛三面环海，黄海、渤海、胶州湾，在沦为德国租界 20 年里，留下大教堂及数百栋欧式古典建筑，青岛啤酒传承德味，而成一绝。我所认识的几位青岛人，皆从事设计行业，青岛人重创意，具国际观，天性开朗，言笑碌碌，让人如沐春风，张玉梅老师就是典型代表人物。手工拼布到青岛变成了品牌拼布，这如在一片白净的工艺沙滩上，看到崭露头角的闪亮贝壳。

Data
指间创意工作室
小妗禧手作市集
中国青岛市南京路 100 号
创意 100 产业园区五楼 B02 室
电话 0532-89077536

最私密的手作创意“卧室用品”发表会！

文字／Anhouse 美术设计／Chaco

巧“搜”主义——主题同步玩手作

彩绘灯罩

★设计者／优秀轩

沉静的夜里，微弱的灯光；多彩的色块，甜蜜又浪漫的彩绘灯罩，令人不舍入睡，利用喜爱的布片随意拼接组合，加上 yoyo 花饰，不管白天、晚上各有万种风情。

蕾丝玫瑰的秘密

★设计者／金针菇

围绕着美式浪漫风格的抱枕，在接缝处添加蕾丝，立即突显女主人品位极佳的居家风情。

花布拢咚

★设计者／迪化街之花

利用 9cm、4.5 cm 方块拼接成抱枕的表布，缤纷明亮的色彩，吸睛指数破表！

摇摆～苏姑娘荡秋千时钟

★设计者／俞攸浩

因为近视的关系，所以设计了时钟。运用南久美子老师布组，设计很柔和的时钟。让我们跟着小苏一起荡着秋千摇摆和春天的微风说声 Hello，享受着美好悠闲时光。倦了，就看看小苏那愉悦表情，永远别忘了最快乐的自己。

Hand Made Stage

读者分享～温馨手作玩创意

玫瑰花园托特包

★设计者／吕昭妤（泰勒小姐缝纫手作）

英式风格的古典玫瑰，多口袋的托特包型，有种百看不厌的 FU！

马卡龙小礼物

★设计者／陈翠华

我想送给女儿的芭蕾舞同伴们每人一个小小的礼物，如何在有限的时间内将心意完成呢？把两片包好布的小圆，利用热融胶黏合，事先放入小吊耳，最后再利用窄版的缎带或水兵带装饰，配上小小的彩色铃铛或是做成钥匙圈，让收到礼物的人都能温暖在心头。

丰收的橘瓣大背袋

★设计者／陈丽蓉 指导老师／林翠华

冬天是橘子的季节，饱满温暖的颜色代表季末的丰收！希望鲜甜微酸的感觉能振奋我们新的一年更努力，期待迎接更“龙虎生威”的新年度！

最新募集主题

巧“搜”主义——主题同步玩手作

带着拼布野餐趣

假日来个愉快的野餐约会吧！
带哪些拼布一起去郊游呢？

读者票选 NO.48 期 TOP.1 做法大公开！
幸福妈妈厨房 毛巾吊环

作品设计、制作、
做法提供／黄秋英老师
TEL／ 0929-804800
文字整理／Cheerannies
美术设计／韩欣恬
原尺寸图请参考NO.48

材料

表布A 30cm×35cm
花布B 7cm×7cm 4片
缎带
番绣线少许
皮绳20cm
毛巾吊环一组

HOW TO MAKE

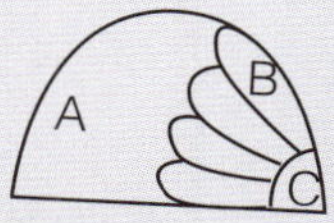

1. 裁剪表布 A 4 片（含里布），前片背面烫上铺棉、厚布衬制作两组。
2. 花布 B 4 小片拼接于 C 片贴缝完成德蕾斯登图形，再贴缝于表布 A 上，用 25 番绣线绣千鸟缝、法国结，用缎带绣出花朵装饰。
3. 表布 A 片与里布正面相对车缝留返口，再藏针缝合返口，两组分别完成，再用卷针缝合、吊绳处要留口不要缝，皮绳打结套在毛巾吊环，再套上吊饰即完成。

Hand Made Editors Bar“和小编聊天吧！”

小编推广精选留言 TOP.10

Q：长达 9 天的年假，在家里完成了什么新作品呢？

- 迎春用的春联。（桃园赖小姐）
- 赶着完成高等科的作品。（彰化柯小姐）
- 做了门帘，还有护照套，要送给即将出国毕旅的妹妹。（云林黄小姐）
- 终于完成苏玲满老师和 Shinnie 书内的作品。（云林庄小姐）
- 趁着年假做了 NO.47 的巧克力护颈枕给女儿。（桃园许小姐）
- 自制拼布红包袋送给亲戚朋友。（宜兰游小姐）
- 把龙呆造型的图案做成壁饰。（彰化陈小姐）
- 努力制作巧拽主义的主题。（台北市俞小姐）
- 白玉拼布还有彩绘玻璃。（台北市郭小姐）
- 侧背口金包，利用不要的牛仔裤做的。剩下的当里布做 M 形口金包，还滚了蕾丝边喔！（屏东邓小姐）

看来读者们放假在家也没闲着呢！从他们的留言里，您是否也找到灵感制作下一件最新作品呢？别忘了要来投稿喔！

下期话题 NO.50“和小编聊天吧！”

Q: 您做过最特别的母亲节拼布礼物是？

动 手 做 吧 How to make

■做法绘图. 美术设计/林巧佳

P.8 亮红小提袋

材料

主布：图案印花布(girl)
23cm×30cm
点点布9cm×30cm
后片布30cm×30cm
里布30cm×75cm
不织布(白) 4cm×25cm
两面接着衬4cm×25cm
单面接着铺棉30cm×60cm
粉红色碎布少许(头发)
提把：宽1cm×长39cm 2条
铆钉 4个
爱心造型小珠珠1个
甜甜圈造型配件5个
缎带：0.5cm×10cm
后片用扣子3颗

做法

1.将一些粉红色碎布剪成圆形，反面烫上两面接着衬，再烫贴于图案印花布上（girl）的头发部分。

2.步骤1与点点布拼缝成一片。

3.用不织布剪出字母，贴于步骤2上。

4.步骤3的反面烫上单面接着铺棉，文字的部分用锯齿绣花盘贴布缝上，头发的部分用缝纫机的自由曲线刺绣。

5.一边注意步骤4的构图平衡感，一边将甜甜圈造型配件缝上，完成前片。

6.后片的反面烫上单面接着铺棉，缝上3颗扣子。

7.前、后片布的正面相对，缝合肋边与底。

8.制作内袋(肋边一侧需留返口)。

9.步骤7与内袋对齐缝合袋口处，从步骤8预留的返口处翻至正面。

10.缝合返口，步骤9的袋口部分压缝0.2cm的固定线。

11.提把用铆钉固定即完成。

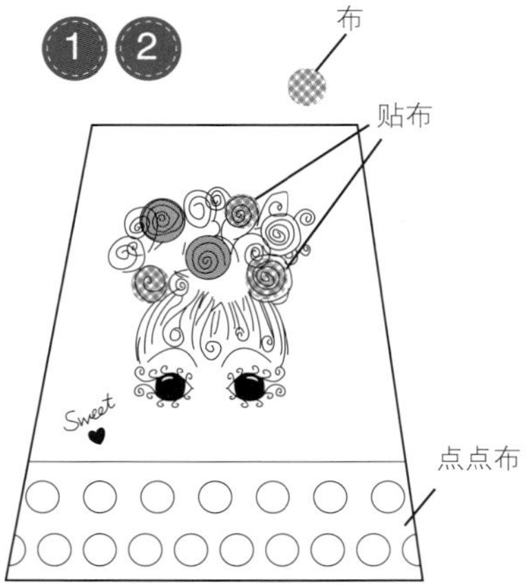

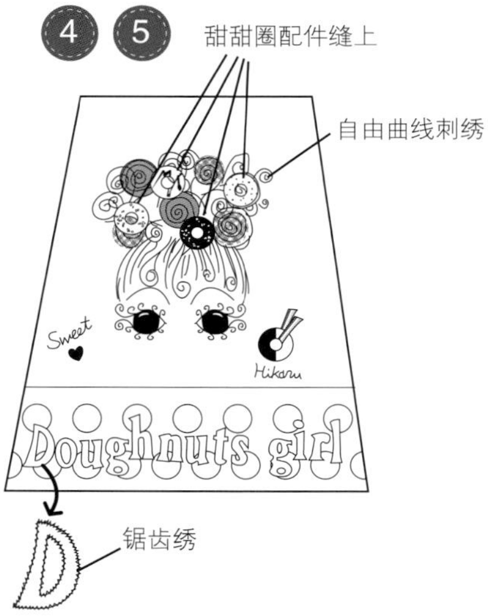

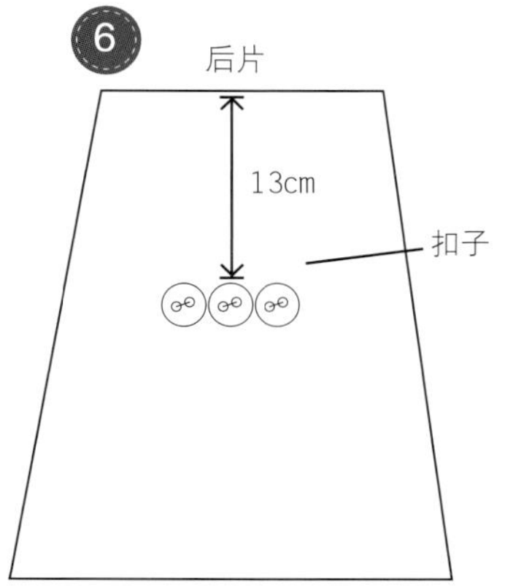

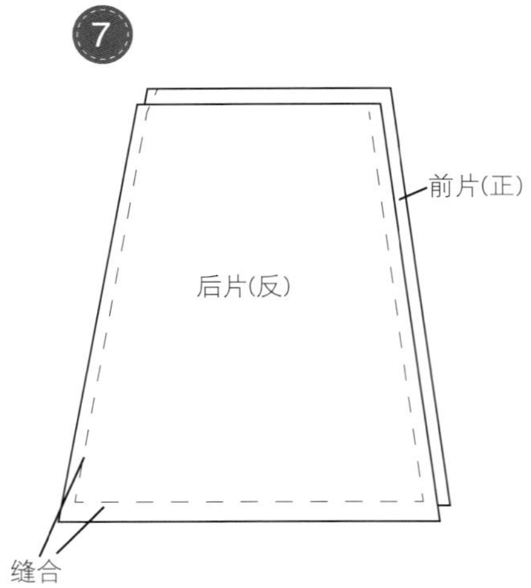

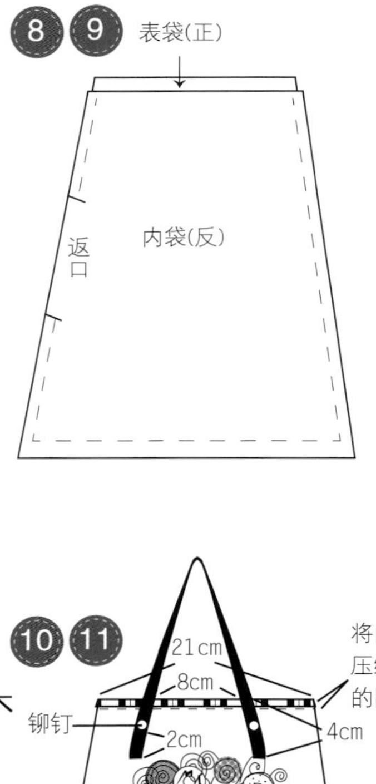

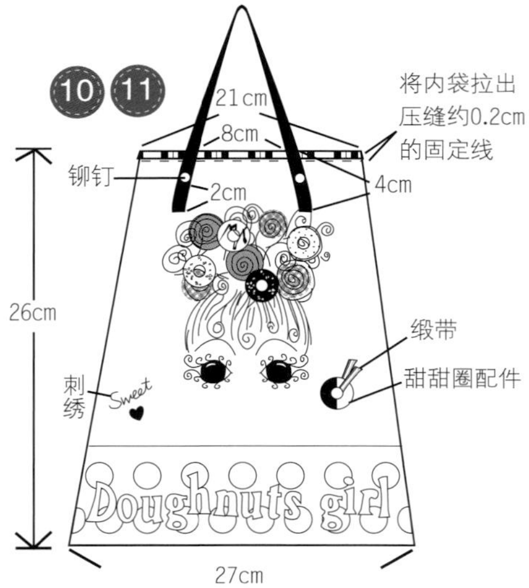

完成图

■做法绘图、美术设计/韩欣恬

P.36逍遥风车单车置物袋

材料

袋身正面表布：
71cm×26.7cm(厚铺棉同尺寸)(已含缝份)
侧身表布：
28.5cm×17.5cm(厚铺棉同尺寸)
(已含缝份)
滚边条
提带布
织带
魔术粘
磁扣2组
厚布衬

做法

1.将袋身正面表布(1片)加厚铺棉加坯布用喷胶黏合。侧身表布(2片)各自加厚铺棉加坯布用喷胶黏合。

2.袋身正面的里布(1片)反面烫上厚布衬，侧身里布(2片)各自反面烫上厚布衬。

3.制作提带(若有同色系织带也可省略此步骤)。

4.袋缘布2片各如图烫上布衬，再对折开扣眼(布的正面相对)，将左右两边车缝后翻回正面，并放入提带固定。

5.内缘固定片：13cm×12cm3片、13cm×6cm1片，各如图反面烫上布衬，再对折(布的正面相对)，将左右两边车缝后翻回正面，车上魔术粘(公)。

6.将袋身正面表布与烫好的里布用喷胶黏合，侧身表布与烫好的侧身里布也用喷胶黏合。

7.用滚边条包袋身正面表布与侧身表布组合。并于四边的上缘下3cm处缝上魔术粘(母)。

8.提带放置袋身并疏缝在袋口，内缘固定片放置于内侧上缘疏缝固定，再缝上滚边条，缝上磁扣即完成。

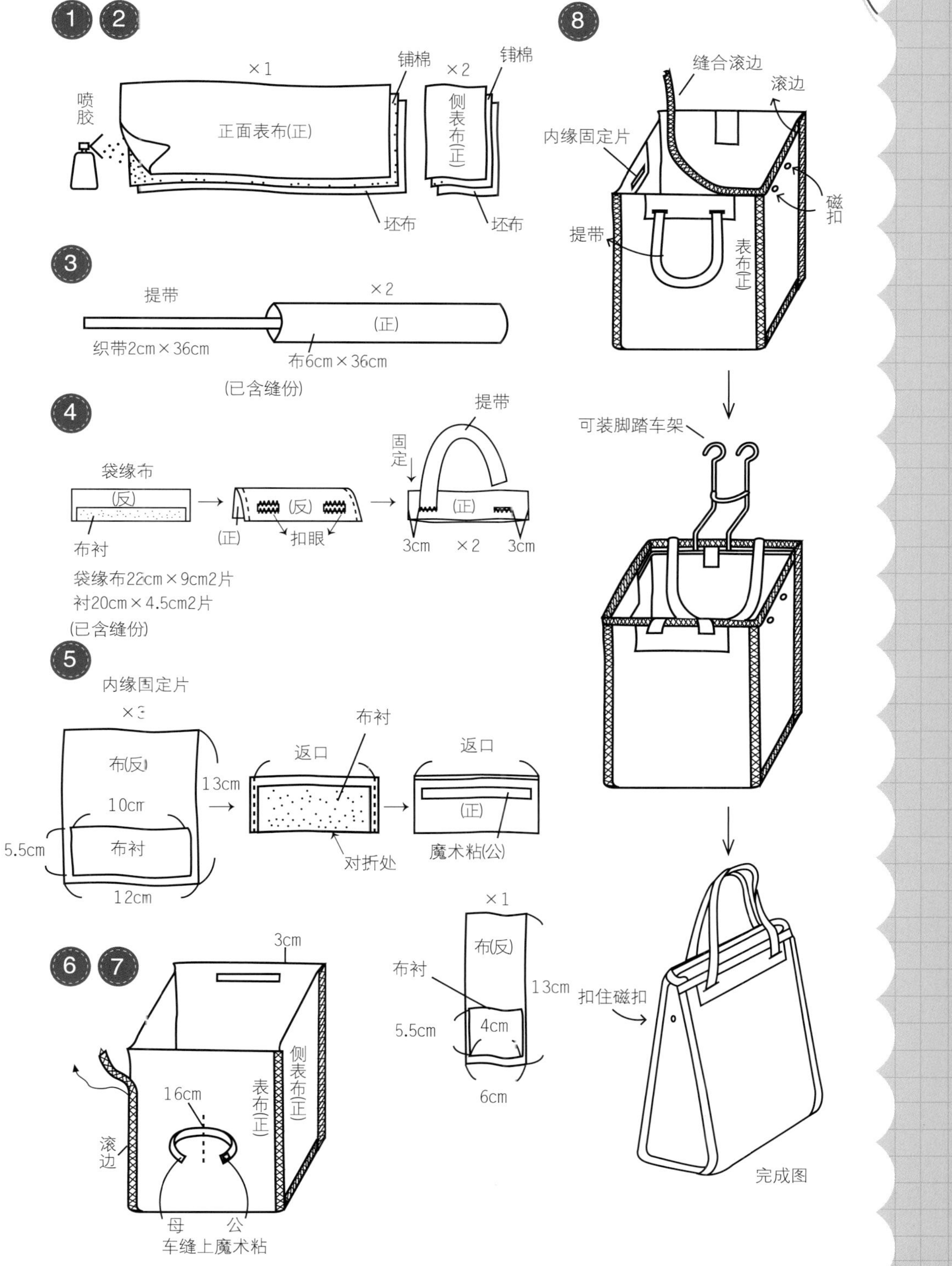

著作权合同登记号：图字16—2011—117

图书在版编目（CIP）数据

巧手易.49，卧室最私密的拼布空间/首翊股份有限公司编著.—郑州:河南科学技术出版社，2012.6
ISBN 978-7-5349-5622-5

Ⅰ.①巧…　Ⅱ.①首…　Ⅲ.①布料-手工艺品-制作-图集　Ⅳ.①TS973.5-64

中国版本图书馆CIP数据核字(2012)第079832号

出版发行：河南科学技术出版社
地址：郑州市经五路66号　邮编：450002
电话：(0371)65737028　65788613
网址：www.hnstp.cn
策划编辑：刘　欣
责任编辑：梁莹莹
责任校对：柯　姣
印　　刷：北京盛通印刷股份有限公司
经　　销：全国新华书店
幅面尺寸：214 mm×285 mm　印张：6.5　字数：250千字
版　　次：2012年6月第1版　2012年6月第1次印刷
定　　价：38.00元

如发现印、装质量问题，影响阅读，请与出版社联系调换。